建筑基础110
建筑入门

[日]小平惠一 著

傅舒兰 郑碧云 译

中国建筑工业出版社

目　录

第4章　什么是法规

第5章　什么是施工

第6章　什么是住宅

第7章　什么是设备

第8章　什么是建筑材料

第 1 章　什么是建筑

001 什么是"建筑"

POINT

"architecture"和"建筑"

建筑一词在《广辞苑》（日）（第六版）中解释为:【建筑】（architecture，江户末期出现的词汇）指建造住房、楼宇等建造物,也称"施工"或"修建"。

1868年,建筑学家伊东忠太将当时的"造家学会"改名为"建筑学会",建筑一词因此得到广泛传播,这也是人们广泛知晓建筑一词的契机。

伊东忠太原本就认为造家学会的"造家"一词缺少艺术上的含义。因此,他认为建筑应与建造物（building）等那样功能性的构筑物划清界限,进而在建筑一词中融入艺术性并进行了改称。然而,建筑的含义并没有像他本人所设想的那样被普遍认识,而是形成了一种含糊不清的解释。

另外,建筑结构学家佐野利器的出现以及关东大地震等的影响,使建筑一词开始反映出工学上的倾向。广义上,建筑仍是作为区别于土木的一个概念来理解,到目前为止这种理解仍然延续着。

英语的"architecture"是一个抽象名词,没有复数形式。也就是说,它并不是指实际意义的建筑的词,而是一个倾向于文化和艺术的概念,指的是建筑物中所融入的"方法和表现"。

计算机原理（computer architecture）等也叫做"architecture"。日语的建筑一词虽然也有作为抽象来使用的场合,但一般用作"建筑物"、"建设"等含义。

正如本来应该是"建设基本法"而变成了"建筑基本法"来使用那样,建筑一词从创造出来到现在一直延续着暧昧不清的解释。

伊东忠太

▲ 伊东忠太
1867~1954 年
建筑师、建筑史学家、建筑学者、工学博士。
毕业于东京帝国大学工科大学造家学专业，工学博士。1898 年发表了《法隆寺建筑论》。关东大地震后，作为帝都复兴院评议员活跃在众多领域。
代表作：伊势两宫、明治神宫、平安神宫、台湾神宫

▲ 筑地本愿寺（1934 年，东京都中央区筑地，正式名称：净土真宗本愿寺派本愿寺筑地院）

◀ 造家学会会志创刊号（1887 年 1 月）
造家学会是由工部大学的毕业生组织工学会造家系的成员于 1886 年创立的。
创刊当时学会在政府部门的正式名称是"造家学会"，但其于 1897 年改名为"建筑学会"。学会创立的第二年，会志名称改为"建筑杂志"。

佐野利器

▲ 圣德纪念绘画馆（1926 年，东京都新宿区霞之丘町）
圣德纪念绘画馆的设计采用竞赛的形式进行，在募集到的 156 份设计方案中小林正昭的方案拔得头筹。在该方案的基础上，佐野利器进行了设计指导，而小林政一则承担了施工部分。除此之外，佐野利器还参与了东京车站、神奈川县厅舍等的结构设计。

▲ 佐野利器
1880~1956 年
建筑师、工学博士、建筑结构学者、抗震结构学的创始人。
就学于东京帝国大学建筑系辰野金吾教授门下，赴德国留学后回到东京帝国大学建筑系任教授。帝都复兴院理事、东京市建筑局局长、日本大学工学部部长、历任清水组副社长。在帝都复兴院就任理事期间，推进了关东大地震后的复兴事业以及土地区划整理事务。
他在《房屋抗震结构论》(1916 年)中采用了震度法，并在全世界首次提出了震度这一概念。

◉ 佐野利器对震度的定义

结构物所受地震作用可以简化为作用于结构上的水平等效静力，其大小为 $F=KG$，其中 $K=a/g$，a 为地震动最大水平加速度，g 为重力加速度，G 为结构重量。K 即为重度，约为 $1/10$，与结构特性无关。

◉ 震度法

震度法是一种首先假设对构造物作用一个相当于"构造物的重量"×"设计震度"的水平静力，然后在确保这一作用力的安全率的基础上确定各部分断面图的方法。

建筑的起源

POINT

"建筑的定义"与"建筑的起源"的关系

如果将建筑的定义理解为"物"即"建筑物",那么建筑的起源可以追溯到历史上哪个年代呢?

史前时代的巨石阵、新石器时期被称为糙石巨柱的立石等,我们可以从这些遗迹中感受到强有力的符号性和构筑性。

而在那之前的旧石器时代的洞穴(类似岩石的低洼处)却仅被认为是一种能够抵御风雨的具有保护作用的自然形态。从建筑的层面并没有任何人工的痕迹。这类洞穴没有外部和内部的隔断,而是无止境地连接在一起,形成的整个空间既可以理解为内部,也可以理解为外部。另外,从时间上来说,由于在某一洞穴的占有者放弃该洞穴之后仍然会有其他占有者来继承,因此在建筑结构上并没有留下能够代表某一时期的痕迹,而是动态地连续着。

因此,在建筑的定义中寻求作为"物"的"建筑性"的时候,洞穴并不能被认为是建筑。然而,将建筑的定义理解为"联系自己与他人之间关系(领域)的地方"时又如何呢?

在墙面上绘制动物的画像图案,在洞窟内当作床的地面上铺撒砂石等行为,正是在寻求改善自己身处的环境,缓和人与自然之间的界限,此时,那已经的的确确可以说是在建设连接自身与他人之间的关系及领域的地方,即可以称之为"建筑"。

自然和人类的关系该被认为是"对立面·构筑"呢,还是应该被认为是能够对话的"相对体·领域"呢?根据每个时期不同的社会状况和时代认知,建筑的定义也随之改变。建筑视角(定义)的改变也改变了建筑的起源。

阿尔塔米拉洞穴壁画

发现于西班牙北部坎塔布里亚省首府桑坦德以西 30km 左右处的桑迪利亚纳戴尔马尔近郊的阿尔塔米亚洞穴的壁画，推测属于旧石器时代末期（约 18000~10000 年前）。

收录于联合国教科文组织世界遗产名录中。

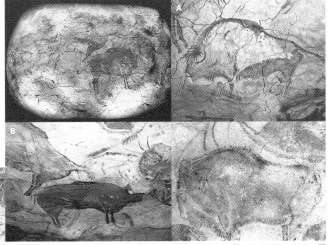

照片：A、C、D D.Rodriguez 摄　B Matthias Kabel 摄

巨石纪念碑（Menhir）

从新石器时代起至初期金属器时代建造的、在欧洲可见的巨石纪念物的一种（法国的布列塔尼地区存在较多）。

矗立的几乎全都是未经加工的天然巨石。有的甚至高达 10~20m。在日本一般被翻译为"立石"，被认为相当于北海道余市町的西崎山和狩山上的立石。

然而，巨石的文化背景仍然没有得到好的解释。

照片：Anna16 摄

巨石阵（Stonehenge）

位于英国南部索尔兹伯里西北 13km 左右处的环状列石，属于史前时代的遗迹。

直立巨石推测立于公元前 2500~2000 年。有关建造目的的解释有很多种，包括天文台、祭祀太阳神、礼拜堂、治疗中心等说法。

003 遮蔽物（Shelter）

POINT

城市的遮蔽功能所面临的挑战

遮蔽是指将人从外部自然环境中保护起来（如壳那样）的功能。人们所穿的衣服具有调节温度、保护皮肤、适应不同功能等作用，因此衣服在上述意义上可以被认为是最基本的遮蔽物；在衣服的基础上，为其添加能够抵御风雨、地震等外力的骨架和外膜，并提高它的强度，便可以成为住所。也就是说，"建筑就是遮蔽物"。把这样的个体（住房）集合起来，就成了街道，给街道进一步赋予各种各样的社会功能，便构成了城市。在充满了人工物的城市环境中，为了在自然灾害（地震、台风、旱涝等）以及火灾中保护街道和住房，作为城市来说必须具备遮蔽的功能。

但是，城市的这种遮蔽功能，受到当今气候变化的影响，开始呈现出应对自然灾害时的脆弱性。对自然环境考虑的缺失导致的无秩序的住宅开发，引起了河水泛滥、塌方等问题。

在城市中心地区，受到远超过去降水量记录的瞬时暴雨影响，大规模的浸水灾害增加。另外，可以假想到除了河水泛滥之外，城市发达的下水道的泛滥即内水泛滥也同时发生，引起了地铁、地下通道等多层化的地下空间的浸水，城市功能瘫痪数月的情况。对超出预估的巨大的水灾，城市的脆弱性非常明显。

为了使城市的遮蔽功能能够有效地发挥，不仅是要考虑与防灾有关的硬空间（防灾庇护所、储备仓库等），软功能也要囊括进来，综合把握各种预测的风险，寻找足以应付的技术。

遮蔽物

横穴式洞窟、树木的背阴处、竖穴式住居、民居等，人类社会变得复杂的同时遮蔽的含义也同时变化着，到了不仅要应对自然灾害，还要寻求防御战争、病毒等的时代。事实上，核庇护所在市场上的销售额正在不断攀升。另外，在宇宙空间中使用的宇宙服能够应对太阳正面数百度以及太阳背面零度以下的恶劣的温度环境，可以认为是终极建筑遮蔽物。

随着社会安定性的摇摆以及不安因素的增加，遮蔽功能在比例上将越来越强化。

▲ 核庇护所的入口
在瑞士，核庇护所的设置是法律所规定的义务（普及率 90%）

▲ 宇宙服

◀ 核庇护所内部的照片（1957 年，美国）

城市是由建筑群组成的，因此可以说拥有比单个建筑更强的遮蔽能力。但是，受到气候变化的影响，无法预测的河水泛滥等使我们开始发现城市遮蔽功能的破绽。

纽约夜景照片
Diliff 摄

建筑学

POINT

建筑学是为了创造优秀的建筑及社会环境

"建筑是容纳人类生活的容器"，因此，建筑包含了与人类社会几乎所有领域有关的内容。

将这一广泛的建筑领域系统地编写而成的学问就是建筑学，此建筑学由于其涉及领域的广泛而被称为"巨大的杂学"。

这种建筑学的形成是为了创造优秀的建筑及社会环境等。优秀的建筑和社会环境是指对于个别建筑来说，包括耐久性、安全性、舒适性、设计性等，并进一步提升周围的环境。

建筑学的内容包括设计系中的设计、建筑史等文化和艺术的侧面，也包括结构和材料等工学的侧面。设计系中包括建筑规划、设备、构思、城市规划、建筑史、房地产学、环境工学等，工学系包括结构、材料等。这些方面并不是完全独立的，而是互相重合，互相干预，结合在一起的。

另外，这些学问并不是已经完全形成的，而是需要时刻根据时代认知、社会情况、技术革新等方面的变化而更新。

建筑以及建筑所包含的环境中有着许多与地球未来有关的问题。建筑建造与使用的时间、建筑解体时所消耗的能量、有限的资源和世界人口增长、日本的少子高龄化、水资源、粮食的安全保障、经济全球化的限制等，问题并不仅限于一个国家，而是扩展到全世界。

局限于单个领域的探索很难把握涉及全体的问题。因此，建筑学寻求的是在细分化的研究领域中自由探索然后综合考虑的方法。

日本建筑学的起源

▲ 辰野金吾
1854~1919年 建筑家
代表作：
日本银行总行、日本银行大阪支行、东京车站、奈良旅馆主楼、旧第一银行总行

◉ 日本建筑学创立的经过（日本最初的日本建筑学课程）

1879年，辰野金吾作为工部大学校第一届毕业生，被选派至英国进行为期4年的留学生活。在英国留学时，被威廉·伯吉斯问及日本传统建筑却无法回答成为日本建筑学课程创设的契机。

辰野金吾于1883年回国，第二年便接替孔德尔（英国的建筑师、工部大学校教授）就任工部大学教授。在回国后的6年时间里，进行了各种各样与传统有关的从西洋化到国粹主义的传统复兴活动。

委托木子清敬（宫内省技师）作为日本建筑学的讲师，于1889年开始教授课程。

◉ 木子清敬（1845~1907年）

木子这一姓氏是被允许进入皇宫的工匠家族，记录可以追溯到室町时代。其祖上代代是任职宫中修理工作的栋梁世家。明治维新前就在宫中侍奉，东京迁都之后进入宫内省（日本管理皇宫事宜的机构）。宫内省工作的同时担任客座讲师。

1889年起大约13年里，推进了对后辈的培育。日本建筑学的课程内容包括引用历史上的国学成果的课程、住宅设计的课题（遗留的官邸住宅的设计课题）、木割标准术的解说等。伊东忠太等同时代的建筑师们都通过木子清敬来学习日本的传统建筑。其子有建筑师木子幸三郎、木子七郎等。

前文出处：
帝国大学《日本建筑学》课程　学院建筑和日本的传统
稻叶信子　文化厅文化财保护部

▼ 照片（明信片）：东京车站竣工时（1914年竣工）设计：辰野金吾、葛西万司

照片右上：2012年复原竣工当初状态的外观照片 ▶
照片右下：中央大厅向上看，八角形的角上刻着8个
生肖浮雕（除去位于东西南北的鼠、兔、马、鸡）

建筑学的学科领域

建筑计划：为策划适合人类的行动、心理的建筑的研究和应用。
建筑历史：通过过去的历史研究建筑和人类社会多方面的联系。
建筑构思：研究造型论、建筑哲学、作家论、图学等。
建筑结构：研究钢筋混凝土结构、钢结构、钢架钢筋混凝土结构、木结构等构造即构造力学。
建筑材料：研究建筑中使用的材质。
建筑环境：研究建筑的环境调整、测定、设计，研究环境调整及节能。
建筑设备：研究建筑中使用的设备。
建筑设计：研究建筑、景观的设计。

解读建筑历史的意义

POINT

以今日的视角解读过去，从而获得新的认识

建筑是受到艺术、技术、思想的影响，并在人们的精心经营下创造出来的。同时，建筑还受到建设地点、地区气候、风土人情等的影响，不断酝酿出与其相适应的技术，由此形成了独特的文化。也就是说，建筑也是一种文化。

以今日的视角来解读建筑的历史（建筑史），就是站在今天的立场来理解过去各种各样的事实之间的关系，每逢此时，对历史的视角的变化会促进对过去埋没的历史的发掘和发现。最近，由于城市建设、城市复兴事业机会的高涨，建筑学专业外的人们也开始探索乡土历史，从而对建筑史的关注度得到了提高。

建筑史是集美术史、技术史、社会史、文化史等为一体的学问，因此建筑史可以通过多个方面来研究。

例如，针对已经不复存在的建筑物可以通过对古代文献的分析、挖掘等考古学的方法来进行复原的研究，研究建筑式样变迁的建筑式样史，探究建筑技术历史的建筑技术史等；还有根据地域、时代的划分来考察西方建筑史、东方建筑史、日本建筑史、近代建筑史、现代建筑史等；另外，还有研究日本、亚洲、西方等城市的历史、城市化过程的城市史，以及以建筑师个人为研究对象的建筑师史等范围广泛的研究。建筑史的研究领域由此不断扩大，从而要求广泛的知识和教养。

研究建筑史的作用主要有在认可过去价值的基础上修复并继承这些具有价值的东西，从而更好地进行面向未来的保存和修复，将现在发生的事追溯到过去，从过去直接学习创意。建筑史是在考察建筑、城市的基础上，像哲学一样构筑起来的学科领域。

两次世博会中表现的建筑的近代化

1851年，在英国伦敦海德公园举行的第一届世博会中，作为会场建造的水晶宫在建筑的主体上使用了铁（铸铁）和标准化的玻璃。

这铁和玻璃成为世界上首次工厂大规模生产的先驱。

水晶宫的玻璃和铁骨架是在伯明翰近郊的工厂制作的，并通过铁路运输至海德公园组装而成。工期仅为6个月。

会场的建设地有高大的榆树，没有砍伐而是直接加入了建筑。

且该建筑的设计者并不是建筑师而是园林技师，设计了为数众多的温室的约瑟夫·帕克斯顿（1803~1865年）。

尽管水晶宫在世博会结束后被解体，但1854年，伦敦南部近郊塞登哈姆重建了一个，规模为原来的1.5倍。重建后的水晶宫拥有花园、4000座的演唱会大厅、博物馆、美术馆，中央新设了管风琴。但遗憾的是，1936年由于火灾，水晶宫消失了。

1889年，法国大革命100周年纪念，法国巴黎举办了第四届世博会，除了高达300m的埃菲尔铁塔之外，还建造了高45m、宽115m、长420m的巨大建筑。

埃菲尔铁塔是从将近700份设计方案中选出的埃菲尔公司建造的。采用了与水晶宫相通的制作手法。工期比水晶宫缩短了很多，从开始到完工仅用了26个月。

其中，机械馆的大空间采用了去掉支撑拱形结构的墙壁、柱子等而采用"三铰拱"的方法。19世纪后半期的工业技术和制钢法的发展使其得以实现。

在炼瓦技术砌体结构为主流的时代，提出由铁和玻璃构成的预制式施工方法，从而建造出大空间建筑，在两届世博会中披露的这些建筑被认为是近代建筑的起源。

▲ 水晶宫
由铁骨架和玻璃制成，被认为是预制建筑的先驱。设计：约瑟夫·帕克斯顿 长：约563m 宽：约124m

▲ 建设中的埃菲尔铁塔　　▲ 世博时埃菲尔铁塔的升降梯　　▲ 世博机械馆
设计、结构：居斯塔夫·埃　　　　　　　　　　　　　　　　　设计：C·L·F·杜忒尔特
尔 高：324m　　　　　　　　　　　　　　　　　　　　　　结构：维克多·康塔明

15

建筑的风格（Style）

POINT

不同的时代和地域衍生出不同的建筑风格，通过对样式和风格的把握，可以更好地理解什么是建筑

建筑的风格是受到特定时代或地域的文化、技术、宗教、政治等的影响而产生的，是基于统一的具有特征的设计和装饰上的表现。

风格这一概念形成于 18 世纪至 19 世纪的欧洲。通过把握建筑的风格，可以明确时代或地域的区别和差异，有利于更好地理解什么是建筑。通过积累对不同建筑风格的知识，可以轻松地通过观察建筑的细部来推测建筑的年代。

在历史建筑的修复现场十分重视对建筑风格的考量。但由于不同的理论家对于建筑风格的把握存在差异，因此有时很难说明建筑风格。

日本的建筑样式

日本的建筑样式是通过神社、寺院、城郭、居住等不同用途的样式各自独立发展起来的。因此，像城郭那样一旦失去了作为建筑的用途，城郭建筑这一样式也随之消失。

西方的建筑风格

西方建筑的起源可以追溯到古希腊建筑。在古希腊建筑的影响下，逐渐发展成古罗马建筑，并在欧洲占据了重要的位置。进一步追溯历史，还可以看到古埃及建筑对欧洲各个时代的影响。以 18 世纪拿破仑远征埃及为契机，古埃及建筑开始进入欧洲，并对建筑、艺术等方面带来了影响。

古罗马建筑、初期基督教建筑（巴西利卡式）、罗马式建筑、哥特式建筑、文艺复兴时期建筑、洛可可建筑、新古典主义建筑、哥特复兴建筑等，各种各样的建筑风格随着时代的推移而变化、形成，一直延续到现在的建筑风格。

日本建筑样式的变迁

◉ 古代建筑（飞鸟·奈良时代～平安时代）

在飞鸟·奈良时代，日本从朝鲜半岛和中国引进了建筑技术。佛教传播[注1]之后，在日本也开始了寺院建筑的建造。现存最古老的是法隆寺西院伽蓝和法隆寺三重塔（及奈良县生驹郡斑鸠町）。

法隆寺西院伽蓝曾是圣德太子时期的建筑，然而现代的研究进展表明，现存的法隆寺西院伽蓝是在670年火灾之后，从7世纪到8世纪初重建而成的。

进入平安时代，国风文化[注2]盛行，建筑样式也更加日本化，对细柱低屋顶的平稳的空间的喜好开始显现。

太安时代之后，日本特有的建筑样式开始发展起来。这种建筑被称为"和式"。

◉ 中世纪建筑（镰仓·室町时代）

镰仓时代，日本与中国的往来活动更加频繁，因此，中国的建筑样式（大佛式[注3]及天竺式）再次传到了日本；太平时代建造的东大寺大佛殿在平安时代末期的源平合战中被烧毁。

重源重建的大佛殿具有非常独特的建筑样式，被认为是借鉴了当时中国（宋朝）福建省边的建筑样式。这一建筑样式具有合理的构造、大胆的创意，与大佛殿十分匹配，但由于这种建筑样式与日本人所喜欢的平稳的空间不吻合，因此，随着重源的逝去，大佛殿也随之衰落。与大佛殿再建有关的人士到各地发展，受到大佛殿的影响的和式[注4]形成，被称为"折中式"。之后，随着禅僧频繁的来往，中国的寺院建筑样式被传入日本。

◉ 近代建筑（安土·桃山时代～江户时代）

随着城郭建筑的发展，建造了作为权力象征的天守阁，并在御殿装饰了豪华的壁画。室町时代开始的茶文化通过千利休的发展，孕育了茶室这一文化种类。

江户时代市民文化繁荣，在住宅的造造中加上茶室，以及建设剧场、游廊等城市的娱乐设施，建筑也有世俗化的倾向。

另外，部分民居的建造还加入了书院的要素，进一步得到了发展。

在寺院建筑中，以市民信仰为背景，善光寺、浅草寺等容纳大部分信徒的大规模的本堂也建造起来了。

[注1]　佛教传播作为国家间公开的交流这一现象被称为佛教公传。

[注2]　奈良时代，相对于受到中国强烈影响的唐风文化，在唐风文化的基础上，以日本的风土及人们的思考为依托的文化的形成被称为国风主义。

[注3]　镰仓时代，学习了中国宋代建筑技术的高僧（俊乘坊重源）向东大寺大力推荐的、在东大寺再建中采用的建筑样式。

[注4]　指以中国的建筑样式为基础，对照日本的风土、生活习惯等形成符合日本人喜好的构造，进行国风化的样式。在堂内的内部空间中，通过增加隔断来增加房间数，地面铺床，降低顶棚等，创造出了与座式生活相匹配的空间。

西方建筑风格的变迁

B.C.	A.D.	2c.	4c.	6c.	8c.	10c.	12c.	14c.	16c.	18c.	20c.	22c.

后现代主义建筑

现代主义建筑

巴洛克建筑

古罗马建筑　　　　罗马风建筑　　　　洛可可建筑

文艺复兴时期建筑

古希腊建筑　　　　拜占庭式建筑

哥特式建筑　　　新古典主义建筑

古埃及建筑

新艺术运动（Art Nouveau）·艺术装饰风格建筑

现代主义建筑

POINT

对现代建筑的评价随着时代的推移而改变

现代主义建筑是以欧洲产业革命后的工业化为契机发展起来的。由于钢筋和混凝土等逐渐作为建筑材料被使用，因此，建筑从之前结构上的制约中解放出来，设计的自由度也更广了。同时，这种不受过去样式束缚的集功能性和合理性等为一体的设计逐渐推广到了世界各地。著名的诗人、思想家、设计师威廉·莫里斯（1834~1896年）发起的英国工艺美术运动被认为是现代建筑推广的巨大推动力。另外，受到这一运动影响，德意志制造联盟的活跃和由沃尔特·格罗皮乌斯开办的包豪斯教育是现代建筑的推动力。

建筑师勒·柯布西耶在1926年为德意志制造联盟的展览会所写的《建筑原理》的说明中提出了现代建筑的五大原则（底层架空、屋顶花园、自由平面、连续落地窗、自由立面），这一想法迅速在世界范围内传播开来。之后，经历高度经济成长期，现代主义建筑融入了市场经济体系，并逐渐成型。进入1960年代，出现了对现代主义建筑这种单一的功能主义建筑样式的批判，到了1970年代，本已被否定的装饰性（历史的样式）设计重新蓬勃兴起，形成了取代现代主义建筑的后现代主义建筑。当时的日本经济正处于泡沫时期，富余的建设费用使多样化的建筑设计尝试得以实现，一直到1990年代泡沫经济崩坏前，后现代建筑设计一直影响着日本。

原本为了批判现代主义建筑单纯强调合理性的建筑运动并没有延续下来，之后，对现代主义建筑的再评价开始了，直至今日仍然在进行着各种各样的探索。

现代主义建筑

◀ 包豪斯（Bauhaus）
1919 年，德国魏玛市。
首任校长沃尔特·格罗皮乌斯基于"以生活功能的综合场所为建筑的初衷，集雕刻、绘画、工艺等多种艺术和技术性工作为一体，谋求技术与技术的再统一"的教育理念，施行了新的教育体系。
到了密斯·凡·德·罗就任校长时期的 1933 年，在纳粹的压力下，包豪斯学院被迫关闭。
设计：沃尔特·格罗皮乌斯
用途：造型艺术学校（校舍、工作室、宿舍）

◀ 巴塞罗那馆（Balcelona Pavilion）
1929 年，西班牙巴塞罗那。
1986 年重建，并作为"密斯·凡·德·罗纪念馆"运营中。
设计：密斯·凡·德·罗
用途：1929 年的巴塞罗那世界博览会建造的德国展览馆

照片：Hans Peter Schaefer（摄）

◉ 工艺美术运动

19 世纪产业革命后，由于大规模生产造成了价格低廉、品质恶劣的商品充斥市场。针对这一状况，威廉·莫里斯（右图）进行了批判，提出了回归中世纪由专业技术人员创造高品质的工艺品的时代，并主张生活与艺术统一的"工艺美术运动"。并影响到日本的柳宗悦。

◉ 德国意志制造联盟

德国意志制造联盟是在 1907 年由建筑家、工艺家、企业家等组成的团体，该团体是以运用规格化使优质的产品能够普遍生产出来，并且运用工业化的生产方式制成新的产品为目标。这一理念也受到了沃尔特·格罗皮乌斯设立的"包豪斯"的影响。

▲ 威廉·莫里斯

后现代主义建筑

照片：David shankbone（摄）

▲ 法尼亚诺奥洛纳小学
1972 年，意大利法尼亚诺奥洛纳
设计：阿尔多·罗西

▲ 索尼总部大楼（旧美国电报电话大厦）
1984 年，美国纽约州
设计：菲利普·约翰逊、伯吉

▲ 筑波中心大楼
1983 年，茨城县筑波市
设计：矶崎新工作室
用途：旅馆、剧场、饮食设施等复合设施

紧缩城市

POINT

少子高龄化带来的城市紧缩

目前，世界上有将近半数的人口居住在城市中。这种人口的高度集中会提高城市在食品安全、环境、就业等众多方面的危险性。

日本的人口在 2005 年就已经开始转向减少，并有预测 2052 年 65 岁以上的高龄人士将占到总人口的四成（以2006 年人口推算而成）。

少子高龄化对城市大范围的影响开始呈现出来。正如人类有着成长的界限，城市也会随着人口增长的停止迎来成长的界限，走向紧缩。然而，这并不像是膨胀的气球瘪下去那样，而是像虫蛀那样变成了稀疏的状态，也就是小规模的弃置地出现在城市的各个角落。如果对这类状况置之不理，那么这些弃置地将会变成废墟，甚至成为诱发犯罪的场所。像这样，可以推测失去活力的街道在城市中不断蔓延的情况。

从相反的角度考虑这类城市紧缩，各种寻求环境改善的方法正在尝试。包括对弃置的建筑物不解体而是再利用、利用灾害危险度较高的木结构建筑密集地带的弃置地来设置绿色防火墙、以及从食品安全的观点将弃置地再生为农园使用等。

在江户时期，日本曾拥有世界最多的人口，并维持着完全循环型的农业。当时，访问江户（明治维新前）的欧洲农学家就对江户的这种循环型农业表示了惊叹。

各种各样的促进各方面环境改善的方案正在尝试，城市紧缩被认为是提高环境质量的好机会。

资料出处：世界の都市人口・農村人口
United Nations, World Urbanization Prospects 2007 Revision

城市密度的降低

伴随着城市的衰退形成了许多空地。这些空地变成了林地、原野，改变了城市的轮廓，城市密度开始降低。

城市的再构成

伴随城市紧缩，有关城市市民自治方面，越来越表现出比现在更多的关注。
不再使用的建筑通过赋予其新的内涵，会通过各种各样的形式再次利用。

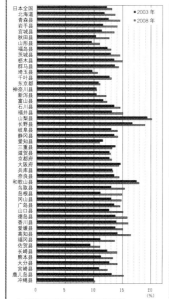

▲ 都道府县空置房屋率的变化
　（ 2003 年 ~2008 年 ）

各都道府县房屋空置率 -（ 2008 年 ）

单位：% （ ）是分布数
□ 15.0 ～ （12）
□ 14.0 ～ 14.9 (14)
□ 13.0 ～ 13.9 (9)
□ ～ 12.9 (12)

◀ 都道府县空置房屋率
　（ 2008 年 ）

欧洲农学专家对江户循环型农业的评价
德国农业经济学家马隆在访问了即将开始明治维新的日本后，对日本当时农业的评价如下：
"日本与欧洲国家不同，既没有成群饲养家禽家畜，也没有大量使用骨粉、油渣等的情况。日本的肥料主要由人制造，且特别关注它的储藏、调整和施用等方面的最新进展。在我们的面前，自然力构成了巨大的循环连锁图表，因此连锁的任何过程都不能脱节，必须一项接一项地着手完成。如果说欧洲的农耕只是表面功夫，那么日本的农耕则是真正意义的农耕。日本人认为生活必须依靠利润，不减少资本是日本人最为关注的要点。日本人只有在左手能获取的时候，才会将右手有的给别人，且一旦得到了就无法再从土壤中被夺走。"

出处：「水田軽視は農業を亡ぼす」（ 吉田武彦 著 ／ 農山漁村文化協会 刊 ）

21

生命周期成本（LCC）

POINT

考虑生命周期成本，进行综合评价

建筑从接受委托人的委托并开始设计的时候起就同时开始了与建设相关的成本控制。

成本控制的影响因素包括施工期限、施工方法、成品等级等几乎所有领域。通常，在考虑建筑物成本的时候，会仅考虑建设费用，但事实上，建设时的费用（初次成本）和之后的光热费、修理费、维护费等维护管理费用相比较，这些运营成本压倒性地大于建设成本。由此可知，在建筑设计中应当考虑包括建筑的规划、设计、建设、维护管理以及最后的解体和废弃全过程的生命周期成本（life cycle cost=LCC）。

建筑的寿命越长，相对地生命周期成本就会降低，因此延长建筑的寿命必须从规划、施工及维护管理整个过程来考虑。近年来，随着建筑设备的高端化，设备的维护管理费用也随之增长，考虑 LCC 来评价的必要性进一步提高。以下几项方法可以降低LCC：

① 减少建筑物在维护管理中所需的劳动力，设计便于管理的建筑。

② 彻底的节能化。

③ 确定建筑物各部分材料的使用年限，并进行有计划的且经济的更换和更新。

④ 延长建筑的寿命。

然而，LCC 会根据外部条件（经济形势变化带来的燃料价格的提高以及最终处理厂的减少导致的有害废弃物处理成本的提高等）的变化而变化。另外，这些数值的变化并没有考虑心理层面的评价，例如舒适度等。

建筑的LCC

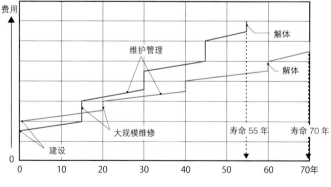

设计 → 材料制造

冰山

海中

建设费
解体费　设计费
保全费
维修费
光热费

废弃

修建

使用

建设

▲ LCC的概念

如上图所示，在建筑整个过程的成本中，建设费只是冰山一角。LCC中保全费、光热费等维护管理费所占的比重较大。设计费的比重虽然较小，但由于它会给之后的成本带来较大的影响，因此在设计阶段作出正确的判断是非常重要的任务。

费用

维护管理

解体

解体

大规模维修

寿命55年　寿命70年

建设

0　10　20　30　40　50　60　70年

◀ 今后的 LCC 思考方法
绿线指的是一般建筑物的LCC，红线指的是以今后推崇的建筑物的 LCC 概念模型化后的图像。延长建筑使用年数并有计划地进行维修，寻求 LCC 的相对降低。
资料：UDI 城市规划局

LCCO$_2$

LCC 表示的是建筑物整个生涯的成本，相对地 LCCO$_2$ 是指从使用的各个阶段直到废弃为止经过生命周期排出的 CO$_2$ 的总量（全过程 CO$_2$ 排放量）。
以这个量为指标进行对环境负面影响的评价。LCC 中建设后的费用约 70%，但 LCCO$_2$ 中该费用占到 84%，使用中伴随的能量消耗占全部能量的 2/3，因此，在设计时考虑建筑的全过程十分必要。

建筑与材料

POINT

选择材料时要综合考虑周边的环境

每一种材料都具有独特的魅力。石材有石材的魅力、土料有土料的魅力、木材有木材的魅力。在建筑设计中，材料的选择是引导空间构想时的重要因素。

材料选择的理由多种多样，如触感与质感、功能性、预算、法规的制约、施工方法的难易程度等，而首要任务是正确理解材料。即便是价格低廉的材料，只要在材料的表现形式上下足功夫，就有可能给整个空间带来很大程度的积极影响。反之，即便是价格很高的材料也有可能由于表现形式的问题，给人一种杂乱的、廉价的感觉。也就是说，相比材料本身的问题，如何使用材料、如何呈现材料才是胜负的关键。

直到近代，材料的种类并不是特别丰富。从这层意义上来说，选择的范围比较窄，在建筑中所表现的材料数量也受到一定的限制。进入现代，各种各样新材料的迅速发展已经超过了使用者掌握它们的速度。但是，正如将现代之前具有统一感的街道景观与现代杂乱的景观相比较就会发现，材料种类的增加并没有给景观带来积极的影响。材料种类的丰富表面上扩大了选择的范围，但实际上却加大了正确选择材料的难度。建筑会随着时间的推移而风化，经过风化后仍能看上去很美的材料并不多。从这个角度来看，材料的选择范围并没有想象中那么大。

另外，还有以建筑生命周期的观点来审视材料的新动向。促进在制造、使用、废弃整个过程中消耗能源较少、对环境产生较少负荷的环保材料的使用。

风化的材料

近代前使用的建筑材料主要有木材、石料、砖、灰泥、土料等，材料种类较少且形成了面对街道的具有统一感的景观。
尽管这些材料随着时间的推移而风化，但由于形成了优雅的街道景观，并没有低廉的感觉。材料的风化本身形成了一种特别的景观。
时间很好地证明了自然材料所拥有的魅力。

环保材料

环保材料是指考虑制造、使用到废弃整个过程产生的环境负荷的材料。

环保材料一词来源于意识到环境的材料（Environmental Consious Materials），经日本材料研究学者讨论后定义为"拥有优越特性和功能的同时，在制造、使用、回收、废弃过程中产生较少的环境负荷并对人有好处的材料。"

环境问题在全球范围不断扩大被认为是环保材料产生的背景。

环保材料可以分为以下几种。

◉ 最小化使用资源的材料

以大豆粒的蛋白质为胶粘剂，与旧报纸混合加热压制成型的硬质板材。广泛应用于以床、墙等为中心的室内装饰、家具、住宅等方面。

◉ 可持续的材料

生物能（使用生物所产生的物质）材料是指在自然中能够再生的材料，如竹、皮革、菠萝叶等。

◉ 易重复使用的材料、再利用的材料

再利用玻璃、再利用地毯、瓷砖等。

◉ 易废弃的材料

生物分解性塑料。生物资源（生物能）产生的生物能塑料以及石油中产生的材料。完全生物分解性塑料是指能够被微生物所分解、最终形成水和二氧化碳的材料。这类材料是以一次性使用为前提的，因此不适合回收再利用。

◉ 在制造和使用中不产生有害物质的材料

不含甲醛、石棉等物质的材料。

▲ ENVIRON
尺寸：
　1210mm×2420mm
　910mm×1820mm
厚度：
　t=19.1mm、25.4mm、
　15mm、12.7mm

乡土建筑
（Vernacular Architecture）

POINT

乡土建筑对未来的启示

反映地域特有的风土特征（气候条件等），并采用当地特有的设计形式而形成的建筑被称为乡土建筑。乡土建筑既有在任何地方都可能出现的缺乏特征的一面，也有着延续某一环境特征的仅存在于那里的一面。

我们的祖先经历漫长的岁月，磨练技术、下苦功夫，建造出适合当地气候风土的建筑。乡土建筑中使用的材料全都是当地的、自产自销的材料。高温多湿地区、寒冷地区、干燥地区，不同的地区孕育了各自独特的建筑形态。可以说，乡土建筑是环境共生型建筑。

有关乡土建筑的调查研究一直是以民俗生活为主体，从民俗学的角度进行的，而从环境工学的观点上来看，

正如前文所说的那样，乡土建筑是将气候风土考虑在内的、寻求与周边地区和谐共存的、并利用本地区材料的总体上环境负荷较小的建筑。

积极地还是消极地看待建筑能源消耗的问题对建筑的装饰有着重要的影响。消极地看，就会在建筑本身多下功夫，这和乡土建筑是相通的。而从积极的角度，就会在供应能源的设备上多下功夫，即和现在一般的建筑施工方法相同。

今后的建筑能源消费的理想状态正如乡土建筑中看到的那样，不光是建筑单体，建筑与周边环境的融合度等方面的设想和手法也要同时思考，尽可能地抑制能源消费。建筑的设计也正寻求着这样的思考。

从乡土建筑中学习到的东西

现代建筑所用到的原材料是从各个不同的地方采集来，然后运到工厂进行加工制作而成的。制作好的产品再经过中间商搬入现场。如果试着计算一栋房屋的建材从采集到加工制作再到进入施工场地所需要的全部移动距离，到底是多少呢。这一移动距离与能源消耗具有同样的意义。

构成乡土建筑的建筑材料是从当地附近采集而来并使用的，即自产自销。也就是说，这种能源消费与现在的建筑相比是极其少的。另外，乡土建筑是在正确理解当地气候风土的基础上，为营造当地良好的室内环境而建设的。

然而，与我们现在所追求的舒适性相比较，炎热的夏天能否凉快舒适地度过，冬天能否不受到从地下、墙壁缝里进入的风的困扰，乡土建筑还十分欠缺。

现代建筑尽管获得了这些便利（人工环境的舒适性），但却使建筑与自然的距离变远了，对环境的敏感性也变低了。

理解乡土建筑所拥有的舒适性，或许可以使现代建筑从便利度的思考中转变出来。

◀ 建在大雪地区的村落的魅力　白川乡・五箇山

白川乡的切妻合掌建筑的大屋顶独具特色，倾斜度达45°~60°。屋顶使用茅草制成，同时，为了使屋顶能抵御冬季大雪的重量并拥有应对强风的柔软性，屋顶不用钉子而是用绳子捆绑而成。由于屋顶倾斜度大而形成的巨大的屋顶内部空间则用于养蚕。由于聚落南北有细长的山谷，为了最小化山谷内的强风对聚落的影响，山墙面面向南北建造。由此使风从南北的山墙面的开口处经过。这个风对于养蚕有着好处。

（建筑的寿命→030）

白川乡・五箇山的合掌造聚落

1995 年世界遗产（文化遗产）中登录

照片：A、B 663highland　C Yosemite　D Leyo（摄）

◀ 福建土楼

福建土楼位于中国福建省西南部山丘地区，也叫"客家土楼"，是 12 世纪至 20 世纪建造的集合住宅。

为了防范外来的敌人和盗贼，福建土楼的庭院设置在中央，而房间则设置在周围，形成了"对外闭合、对内开放"的格局。

土楼的形态有长方形也有圆形。客家土楼是用厚实的土壁（墙壁底部的厚度约 2m，越往上越薄，最上端约1m）制成的。该土壁是由石灰、砂、黏土混合压制而成的，如同坚固的城墙。

福建土楼一般有 3~5 层，可供 80 个以上的家庭共同生活。

福建土楼建造中采用的光和风的引导方法、隔热方法、水的处理以及保护土壁的屋顶的架设方法等，都巧妙地融入了当地的气候和风土。

照片：E、F Gisling（摄）

012 可持续建筑
（Sustainable Architecture）

POINT

可持续建筑通过抑制能源消费、提高耐久性，从而降低建筑物产生的环境负荷

可持续是可以维持、能够延续的意思。它指的是一种在不破坏未来生存环境及下一代利益的前提下推进社会发展的理念。可持续建筑就是指能够持续的建筑。

可持续这一概念起源于1972~1987年的联合国组织"环境与发展委员会"（也称布伦特兰委员会）。

在该委员会的报告《我们共同的未来》中批判了"循环过程中无法接受的大规模生产产生的废弃物"这一体系，并开始提倡采取应对环境危机、地球规模有限等的长远对策的必要性。

可持续的最终目标是构筑包括人类在内的所有物种都能永续生存的地球环境。由此出现了考虑可持续性综合评价建筑物的环境性能的评价体系CASBEE。（→096）

可持续建筑的设计手法包括灵活使用当地产的建筑材料，尽可能选择环境负荷较小的材料，使用可再利用的结构材料，利用地热、风力、水力、生物质能等能源，使用尚未利用的能源，屋顶绿化，及其他应用于建筑主体结构与内部空间的多种方法骨架及内部空间等多种多样的手法。

在建筑建造的时候，经济合理性仍然是很重要的价值基准。

然而另一方面，由于全球气候变暖、材料资源、废弃物等问题的影响正在逐步扩张，人们对地球环境的意识不断提高，因而也更加能够理解环境保护行动所带来的开支的提高。

伴随着意识上的变化，可持续建筑正在被越来越多的人所认识。

乡土建筑设计手法举例

◉ 灵活运用当地建筑材料

灵活运用当地材料可以减少资源和材料在搬运过程中所消耗的能源，并能够促进当地产业发展，为地方社会作出贡献。

◉ 选择环境负荷较小的材料

在选择建筑材料的时候，不仅要考虑材料的使用年限、维护管理的难易程度及功能性等问题，同时还必须考虑建筑在解体和再资源化过程中的能耗问题。

◉ 利用自然资源（→ 091）

通过积极地利用太阳能、风能、地热能、雪的寒度以及雨水等自然能源，降低冷暖气、照明、换气等的能源负荷。

◉ 利用未利用能源（→ 090）

通过利用垃圾焚烧厂的冷却热、江河和海水的温度差、变电所的余热、工厂的排热等至今未能好好利用的能源，从而抑制整体能源消费。

◉ 屋顶绿化（→ 042）

通过土壤的隔热效果及土壤水分蒸发所产生的冷却效果，来缓和夏天屋顶表面温度的上升，从而降低冷气负荷。

◉ 主体结构及内部空间（→ 095）

建造耐久性高的建筑物，将建筑设备和内部装修进行分离设计，使设备的更新和内部装修的变更更加容易，从而延长建筑的寿命。

布伦特兰委员会

联合国设立的"环境与发展委员会"（WCED=World Commission on Environment and Development）

委员会设立的经过是在 1982 年举办的联合国环境计划（UNEP）管理理事会特别会议（内罗毕会议）上，日本政府向特别委员会建议设立"以探索面向 21 世纪的理想地球环境及为其实现而制定战略为任务"的组织，联合国总会接受了这一提议，并于 1984 年承认这一组织。因为委员会的主席是后来成为挪威首相的布伦特兰夫人，因此委员会也被称为"布伦特兰委员会"。

在直到 1987 年为止的四年时间里，委员会共计召开了 8 次全体会议，在会后整理的报告书《我们共同的未来》中，对于环境保护和开发之间的关系提出了"既满足当代人的需要又不对后代人的需要构成损害"这一可持续发展的概念。这一概念成为了日后寻找地球环境保护对策的重要导向。

可持续建筑的尝试　东京中城

东京中城是集办公、住宅、商业设施、会馆、美术馆等于一体的复合设施。

在设施中采用了各种各样节能、省资源、环境共生等提高可持续性的手法。

通过水深 15m 的冷水蓄热层以及商务与居住设施的复合，在水循环系统（杂用水、厨房排水、雨水等的循环利用）等能源系统中利用。

冷热源体系作为复合热源方式，在其中导入蓄热槽、深夜电力、涡轮系统等，进行有效的利用。为此，设计者通过使用后的测记和分析，确立有效的使用方法，继续向使用者努力传达。

◀ **东京中城**（2007 年，东京都港区）
荣获财团法人建筑环境·节能机构（IBEC）的第三届可持续建筑奖。
占地面积：563800m²
层数：地上 54 层，地下 5 层
结构：钢筋混凝土结构、钢结构、钢架钢筋混凝土结构

013 假想空间与真实空间的界线

POINT

假想（信息）空间与现实空间之间的界线正变得暧昧不明

假想空间是指存在于网络世界的模拟现实世界的空间。

在建筑的世界里，有将构想的建筑利用计算机图形学（CG）等方式图像化并进行空间模拟的工作。

计算机图形学（CG）可以对建筑、家具等的比例数据、材料的质感、色彩的核对等进行非常详细的模拟。因此，使用计算机图形学（CG）对假想空间进行研究已经成为日常工作不可或缺的部分了。

计算机处理能力的提升速度十分显著。现在，手机也开始拥有与笔记本电脑几乎相同的处理能力，机器与人之间的相互交流逐渐变得自然而和谐。

作为新的媒介装置，有机EL显示器等薄纸状的介质正被生产出来。这种媒介不仅可以变得像纸一样薄，还可以变成卷状。在不久的将来，这一媒介装置或许会成为建筑材料的一种。

这一媒介材料作为外装材料使用的时候，能够使外墙全部变成信号或照明；作为内装材料使用的时候，不仅可以使地面、墙、顶棚等变成照明装置，还可以成为被当做是能够映出风景或电视内容的屏幕。另外，立体成像也将会成为平常的东西。

另外，这种媒体装置作为建筑材料与人之间的相互交流关系也会不同于"进行操作"的意识，而变成一种无压力的关系。

就这样，真实空间与信息（假想）空间之间的界线不断融合、模糊并变得暧昧不明。于是开始形成了建筑和信息空间浑然一体的新关系。

通过计算机图形学（CG）和液晶显示器呈现的假想空间

▲ 计算机图形学（CG）制作而成的图像举例
石头堆积的墙面、木板的质感、瓷砖的墙面、椅子等，与实际的材质几乎没有差别。

图像：© 创意市场 / www.cr-market.com

目前，电机业界正在研究开发使用新材料有机EL（有机发光电子版）进行电视成像、照明等各种多样的产品。由于这一新材料可以加工成薄纸状，因此可以通过将其加工成曲面、粘贴等方式，在多种多样的情况下灵活运用。不久之后，或许连顶棚、墙壁的交界处、地面等都能成为可活动的投影幕布。实像和虚像之间的界线将变得更加暧昧不明。

三层道路上建造的拥有外部电梯、回廊、拱廊的集合住宅
1914 年
建筑师：桑代利亚·安东尼奥（Antonio Sant' Elia）

《大都会》
德国电影（黑白默剧）
1926 年拍摄、1927 年公映
导演：弗里茨·朗（Friedrich Christian Anton Lang）

移动城市
1964 年
建筑师：阿基格拉姆学派（罗恩·赫伦）

媒体与未来城市

未来城市的景象在建筑、电影、漫画、动漫等各个领域中讲述着。
意大利未来派建筑的主要建筑师桑代利亚·安东尼奥在"三层道路上建造的拥有外部电梯、回廊、拱廊的集合住宅"
中感性地表现了城市的感染力。
导演弗里茨·朗的电影《大都会》不仅模仿了未来派建筑的景象，还对之后手冢治虫的漫画《铁臂阿童木》产生了很
大的影响。
阿基格拉姆学派的"移动城市"受到 1960~1970 年反传统文化的影响，并结合了摇滚、喜剧等的概念。提出具有集
会功能的城市对建筑师、设计师产生了很大的影响。在经过半个世纪的今天，阿基格拉姆学派的先进性仍然拥有很高
的评价。
大友克洋的《阿基拉》雷德利·斯科特的《银翼杀手》士郎正宗的《攻壳机动队》史蒂文·斯皮尔伯格的《人工智能 A.I.》
等描绘了荒废的未来城市。
媒体所塑造的未来建筑的景象与实际建筑的景象有着密切的联系，并正在实现过程中。

《阿基拉》
1982~1990 年，漫画
漫画家：大友克洋

《攻壳机动队》
1995 年公映的日本剧场版动漫电影
2008 年改版后《攻壳机动队 2.0》上映
导演：押井守　原创：士郎正宗

《人工智能 A.I.》
2001 年，美国电影
导演：史蒂文·斯皮尔伯格
原为斯坦利·库布里克导演的企划，后因库布里克导演去世，转由史蒂文·斯皮尔伯格导演。

第 2 章　什么是设计

POINT

赋予建筑形态就是赋予建筑秩序

建筑设计是指在建筑项目（计划条件等）中提出具有说服力的建筑形态。

这一形态用语言来表达，包含了规整、秩序等意义。自然界生物的生长过程就是有秩序的生长。赋予建筑形态也就等同于赋予建筑秩序性。

作为这一形态的导入手法，人们发现了古代几何学所包含的秩序性，并将其理论化，然后再将其进行空间化应用。

古希腊哲学家柏拉图在自己的书中写到毕达哥拉斯学派的自然哲学思想：火是正四面体、空气是正八面体、水是正二十面体、土是正六面体的微生物形成的，创造者是将宇宙整体看作是正十二面体来考虑的。后来，这五种立体被称为正多面体（也称柏拉图立体）。这被认为是用几何学的秩序性来理解宇宙构造的尝试。

另外，秩序中美妙的韵律通过比例这一尺度进行分析，推导出各种各样的比（比率矩形等）。

在比率矩形中，黄金矩形（Φ矩形）表示的比例是对数螺旋（→018），从中可以看到贝壳上呈现的成长过程、植物枝叶生长的韵律等自然界中多种多样的迹象。

建筑设计这一行为是将建筑中的各种项目（构成空间的光、空气、构造以及建筑周围的环境景观等）作为形态体系完成。

建筑在它出现的时候就已经不知不觉地对环境造成了影响。建筑根据其存在形式，会对环境产生很大影响，使环境变好的情况也存在。设计行为给予这种好的存在以很大的推动力。

现实世界中存在的正多面体（Platonic Solid，柏拉图立体）

柏拉图是公元前 427 年出生于雅典娜（希腊共和国首都雅典的旧称）的古希腊哲学家（公元前 347 年逝世。

柏拉图是苏格拉底的弟子，也是亚里士多德的师傅。

柏拉图的思想是西方哲学的起源，哲学家怀特海（英国数学家、哲学家）说过：西方哲学史可以说是柏拉图思想扩大的解释。

我们将肉眼可以看到的现实的世界（现实界）和原始的完整世界（理想界）划分开来讨论。

◀《雅典娜的学堂》（柏拉图（左）和亚里士多德）
画：拉斐尔，1509 年

自然界中存在着以下形状规则的正多面体，但在建筑设计中，正六面体被广泛应用着。

萤石的结晶、食盐的结晶：正六面体
明矾的结晶、磁铁矿、金刚石（钻石）：正八面体
黄铁矿的结晶：正十二面体
贵铁矿、病毒的蛋白质分子序列：正二十面体

▲ 正四面体　　▲ 正六面体　　▲ 正八面体　　▲ 正十二面体　　▲ 正二十面体

柏拉图立体在建筑上的运用（群马县立近代美术馆）

矶崎新设计的这个美术馆是以 120cm 为模数，通过 12m 的网状纯粹几何学形态形成立方体框架，构成如同包着美术作品的框子那样的空洞。这种立体框架可以看作是柏拉图立体在建筑上的应用。

2005 年暂时闭馆，后经抗震加固及设备的改良，于 2008 年重新开馆。

◀ 群马县立近代美术馆
（1974 年，群马县高崎市）
设计：矶崎新工作室 + 环境计划
构造：钢筋混凝土结构
层数：地上 3 层
占地面积：258689m²
一层建筑面积：4479m²
总建筑面积：7976m²
照片：Wiiii（摄）

建筑计划学

POINT

建筑计划学的手法随着时代的变迁而改变

建筑计划学是建筑学的一个分支，它包括了人类的知觉、行动、认知、记忆等的组合，从而探求人类与环境的关系、设计人类所渴望的建筑空间。建筑计划学是由吉武泰水创立的。

建筑计划学涉及居住环境、环境行动、建筑设备环境工学（声环境、热环境、光环境）等广泛领域的内容。另外，可以利用心理学、数理手法、人类工学等亲和度较高的手法进行实地考察或通过计算机进行模拟，设计与人类行动相适应的建筑物。

大规模的公共建筑（医院、学校、集合住宅、剧场等）的设计也需要建筑计划学方面的研究。从二战后复兴起到现在，伴随着不同时期经济形势的变化，建筑的表现形式和所追求的方法都有了很大的变化。这也可以说是建筑计划的行动准则。

（日语计画不能等同于计划，是科学地设计建筑物的意思，我国在民国时期也使用过"计画"一词）

初期的建筑设计

在二战后的复兴期，受到战争灾害的诸多住宅及设施的修复加上新制度下新建筑建设的需求，大量的设施建设十分必要。其中还提出了公营住宅标准设计 51C 型，并大量投入市场。51C 型成为二战后日本集合建筑的原型。学校建筑则导入钢筋混凝土结构校舍标准设计，建设了大量不考虑日本国内各地域不同风土的相同形态的学校。

经济高速增长期

在经济高速增长期，大型住宅区、人工地基、超高层建筑、千里新城、筑波研究学园都市[1]等，一系列大规模的项目陆续展开，新城构想并开始建设起来。伴随社会经济的变化及科学技术的进步，建筑计划学的研究领域也不断扩大并进行细分化。各研究分支共通的问题意识以及相互之间的理解成为当今的课题。

---

① 位于日本茨城县筑波市，此处聚集国家及企业的研究机关、大学教育机构。是担负日本的科学技术及宇宙开发重任的城市。

公营住宅的历史

日本的住宅政策是以二战后受灾的 420 万户住宅不足为契机得以推进和发展的，从越冬建筑着手建设的公营住宅经过 1947 年东京高轮公寓的建设，并以 1951 年公营住宅法的公布而正式化。

尽管 1950 年通过住宅金融公库法完善了融资制度，但不同于 1956 年的经济白皮书中强调"已经不是战后了"，国民生活白皮书中提出了"住宅仍然是战后"的观点。特别是地方上的人口加速涌入大都市圈的现象使住宅不足的问题更加突出。

在这样的背景下，1955 年成立了旨在为劳动者提供住宅的日本住宅公团。确立了"公营、公团、公库"的日本住宅政策三大支柱，加速了住宅建设的进程。

公团承载着以下几点特色和任务，确立了 10 年间 30 万户的建设目标。

- 在住宅显著不足的地域，建设为劳动者居住的住宅
- 在大城市周边地区，以广域规划为基准进行住宅建设
- 建设耐火性能较好的集体住宅
- 在公共住宅建设中导入民间资金
- 进行大规模的宅基地开发

住宅计划和公营住宅标准设计51C型

在同润会建成江户川公寓 4 年后的 1938 年，钢结构建筑物建造许可制度确立，此后在第二次世界大战的约 10 年时间里，集合住宅的建设几乎没有任何进展。

在此期间，以西山夘三为首的研究者们持续进行了与集合住宅相关的基础研究。确立了"食寝分离"、"确保适当就寝"等新住宅的理念。

二战后，伴随着住宅建设的开始，进行了加入新理念的公营住宅计划，在东京大学吉武研究室制作的原稿"公营住宅标准设计 51C 型"中，提出了保证有两个卧室和能够就餐的厨房，对之后的住宅设计产生了很大的影响。如同照片和平面图所展示的，厨房餐间面积较大，并通过添置餐桌形成厨房和餐厅一体化的形式。

当时厨房的洗涤台一般是用人造石磨出来的，在公团和制造商的共同开发下成功量化生产了不锈钢制的洗涤台，并于 1958 年正式采用。在配备有电气设备（冰箱）的住宅区中的生活形态被称为"团地族"（住在住宅区的人们），并成为了一种社会现象。

▼ 莲根住区（1957 年，日本住宅公团成立当时的代表性住宅）

▲ 2DK55 型的厨房餐间

▲ 公营住宅 51C 型（原稿）
图、照片：UR 城市机构　城市住宅技术研究所

衣橱　6 榻榻米　储藏间　4.5 榻榻米　厨房餐厅　洗脸　洗衣　阳台

● **吉武泰水（1916~2003 年）**

建筑师、建筑学者，日本建筑计划学的创立者。1951 年，由东京大学吉武研究室提出了"公营住宅标准设计 51C 型"。

51C 型是在生活调查结果的基础上，以"食寝分离"、"父母与子女卧室的分离"为指导，提出了三种不同的布局形态，其中由厨房餐间、父母卧室和子女卧室构成的"公营住宅标准设计 51C 型"被多数公营住宅所采纳。之后的 2DK 的布局形式也是以 51C 型为基础形成的。

● **西山夘三（1911~1994 年）**

建筑师、建筑学者，构建了科学研究住宅问题的基础。《国民住宅论巧》（1944 年，伊藤书店）、《如何生活》（1966 年，文艺春秋社）、《日本的住所 I II III》（劲草书房），从 1975~1980 年开始有众多著作。

设计建筑这回事

POINT

具备与景观协调的意识

建筑建造的场所"基地"是十分重要的。无论是城市中狭小的住宅地、大宅邸还是山林中的过疏化地区，只要那里建造了新的建筑就会形成新的环境、新的风景，成为景观的一部分。

新建建筑的空间体量是设定得比较大还是尽量控制呢？外形是看上去比较厚重还是比较轻盈呢？材料的选择是硬质还是柔软的呢？是选择颜色明度较高的、较低的原色还是无彩色的呢？根据上述不同方面的不同选择，新建建筑对景观带来的印象可以是柔软的、坚硬的、张扬的或是亲和的。建筑一旦被建造起来，想要进行修正就非常困难了。

因此，应该深入、慎重地考虑比例（率）的设定，并正确理解物质所拥有的力量。

如上所述，建筑设计这一行为可以理解为给建筑所在的场地创建新的风景，因此，必须具备与景观协调的意识来进行设计。

另外，为了建造建筑消费了各种各样的资源，能源的消费给环境带来了负荷。这种建筑的建造本身就是带有原罪性的，只有具备这种意识，才能在之后的设计中以谦虚的姿态面对环境，促进设计对景观的考虑。

景观法

2005年景观法得以全面实施。该法律并不是国家自上而下推行的，而是在总结各地方已经进行的相关探索后撰写的。

目前，各地方正在此基础上，进行形式多样化的探索。

都市景观

1966 年 10 月，东京车站丸之内地区的株式会社东京海上火灾提出了拆除老建筑建设超高层（高度超过 120m，30 层）办公楼的方案，当时的东京都负责建筑方案审批许可的主任认为，建筑所在的皇宫周围是二战前指定的美观地区，限制高度为"百丈"（31m），因此不予许可，从而引发了争论。

争论中，反对派认为针对建造不整齐的超高层建筑会破坏皇居前特殊场所的天际线的意见，提出现代主义建筑的发展是世界范围内不可逆转的趋势。最终，东京海上火灾公司针对首次不予许可的意见，向建筑审查委员会提出了不服并递请二次审查，最终以推翻首次不予许可的结果告终。

到了 1970 年，东京都与东京海上火灾公司一起提出了相关修正案，最后建造的是一幢 25 层（高度 100m）的办公楼。

这个案例是日本国内最早触及和讨论应该如何考虑建筑群组成的城市景观这个问题，因此具有非常重要的意义。

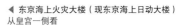

◀ 东京海上火灾大楼（现东京海上日动大楼）
  从皇宫一侧看

◀ 城市"日暑"如今的六本木新城
  （从森大厦 52 层的空中画廊眺望）

建造的建筑体量越大，对环境的影响（包括建成后出现的风和日照等变化，以及能产生心理影响的建筑本身的质感、形状、符号性等因素）也就越大。

景观法（部分摘录）
第一章　总则
第二章　第一条（目的）
本法之目系以促进都市及农山渔村形成良好景观，具备优美风格之国土，创造滋润丰饶之生活环境及实现富个性与活力之地域社会，以期对改善国民生活及国民经济之健全发展有所贡献。

第二条（基本理念）
1
良好景观是国民共通之资产，应予妥善整备与保全，使现在及将来之国民均能享受其恩泽。

2
良好景观是由地域之自然、历史、文化等与人们之生活及经济活动保持协调而形成者，故需对土地利用加以适当限制。

3
良好景观是与地域固有之特性有密切关联，故应尊重地域居民之意愿，发挥地域之个性与特色。

模数、木割、尺

POINT

模数、尺等都是基于人体相关的尺度确定下来的

模数是指建筑的标准尺寸。从古希腊建筑开始，模数成为了基本的思考方式。模数的规定是从奥林匹亚的宙斯神殿开始应用的。1模数单位是指以神殿支柱的下部宽度为基准的，而其他建筑物则以比例关系为基础来确定。

在日本，传统上采用木割这一尺寸体系。木割原来也称木砕，是一种将建筑中必要部件的尺寸刻在原木上的技术。从桃山时代起，这一技术逐渐形成体系，以柱子的尺寸为基准采用统一的比例关系，并成为了日本建筑设计手法中美的规范。

像木割这样从日本古代开始使用的尺寸体系是以尺为单位的。尺这一文字形象地描述了大拇指和食指张开的形状，因此将从大拇指指尖开始到中指的指尖为止的长度（约18cm）定义为1尺（这大约相当于现在1尺的60%）。但是由于这种身体尺不仅会因个人的不同而出现差异，还会受到时代政权等的影响，因此，尺的长度会不断发生变化。

然而在此之中，木工使用的曲尺这一测量工具由于是作为建筑技术的一部分由师傅传给弟子的，因此没有受到政权更迭的影响。直延用了唐朝时传入日本的方式。8世纪初期的大宝律令规定了大尺和小尺。律令废除之后，全国统一的尺没有能够维持下来，各个地方开始使用各种不同的尺（竹尺、铁尺等）。

到了明治时期，伊能忠敬将竹尺和铁尺相互平均，制成了折中尺，并采用其作为正式的曲尺，规定了以国际公尺标准原器的10/33为长，到了以米制为标准的现在，木工师傅之间仍然沿用着这一曲尺。

尺、英寸和英尺、米

如右图所示，咫就是将手张开来测量的意思。"咫"是从尺寸相当的"当"名词化而来的。

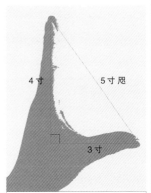

◉ 尺

1 分 =3.03mm
1 寸 =30.3mm
1 尺 =10 寸 =303mm
1 间 =6 尺 =1818mm
1 町 =60 间 =109.08m

◉ 英寸和英尺

英尺（feet/foot）是英制单位（yard&pond）中长度的单位。它是使用了脚后跟到脚尖的长度（约 30cm）的身体尺。

英尺出现于公元前 6000 年左右的古美索不达米亚，古希腊、古罗马时代传入欧洲各国，是由基本的长度单位库比特（cubit）派生出来的。库比特是肘的意思，指的是从肘到中指的长度（约 50cm）。

1 英寸 =25.4mm
1 英尺 =12 英寸 =304.8mm
1 码 =3 英尺 =36 英寸 =914.4mm

曲尺

念作"曲尺"。长的边称为"长手"，短的边称为"短手"，直角的地方称为"矩手"。当长手垂直右侧的情况称为"表"，反之称为"裏"。"表"面上为普通刻度（表目），"裏"面上则刻有表目刻度的倍数（角目）及圆周率等。曲尺的宽度通常为 5 分（15mm），厚度约为 6 厘（2mm）。

曲尺不仅能够量取直角及尺寸等，同时由于"裏"面上刻有倾斜度及直线的分割等"表"面的倍数刻度，因此可以不用计算就导出直角三角形的斜边。利用"裏"面还可以解算屋角复杂的屋顶材料组合，这一技术被称为规矩术并高度体系化。但是，规矩术的学习非常困难，因此有流传着"木匠和麻雀在屋檐下哭泣"的说法。如今，米制的应用逐渐缓和，尺寸法的曲尺也得到使用。

资料出处：(财) 竹中大工道具館

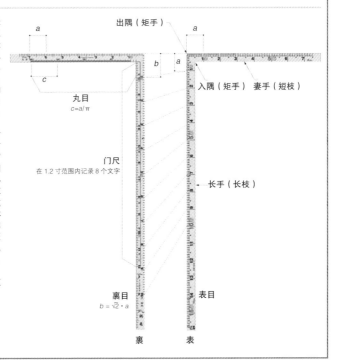

出隅（矩手）

入隅（矩手）　妻手（短枝）

丸目
$c=a/\pi$

门尺
在 1.2 寸范围内记录 8 个文字

长手（长枝）

裏目
$b=\sqrt{2}\cdot a$

表目

裏　　表

比率、比例

POINT

设计者决定比例

英文的"scale"是指尺度、规模、标准等意义；比率是指两个变量之间其中一个与另一个的固定倍数关系；比例则是指多个数值比较时的比率、比重等意义。

黄金比例 1 ∶ 1.618 被认为是最美的比例关系（近似值约 5 ∶ 8）。这一比例可以在胡夫金字塔和帕提农神庙等历史建筑中看到。到了近代，建筑家勒·柯布西耶使用黄金比例，用人体比例和空间比例将建筑的基本尺寸数列化，形成了不同模度（Modulor）。模度这一词是由法语模数（module、模数、尺寸）和黄金分割（Section d'or）融合而成的新词汇。日本丹下健三也曾对模数的日本版进行过考察研究。

进行空间设计就是给自己设想的空间规定适当的规模，也可以说是找出适合不同规模空间不同比例的工作。

只要存在多个物品，就会产生一定的比，相对于这一比例，有意识地跟随设计者所追求的空间印象，就形成了比例的手法。

适当比例的选择涉及五金、家具、照明等设备以及室内装饰、开口的大小、建筑整体的体量、轮廓等各种各样的领域。这些不仅与规模有关。物体的质感、颜色等也是比例所考虑的范畴。

设计者决定比例。建筑设计这一行为是指从多种多样的事象中选择适当的比例，形成良好的环境。

比率

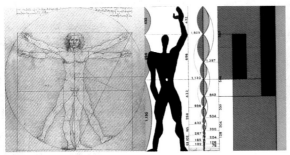

▲《维特鲁威人体图》
画：列奥纳多·达·芬奇，1487 年左右
以古罗马时代建筑家维特鲁威的著作为基础，由达·芬奇手绘的插图。维特鲁威在书中提出人体是建筑样式的重要构成要素。

▲《模度（Modulor）》
画：勒·柯布西耶

◉ 人体和比率

由柯布西耶定义的模度是从列奥纳多·达·芬奇的维特鲁威人体图和阿尔伯蒂（初期文艺复兴的人文主义者、建筑学者）的工作中看到了数学的比率（斐波那契数列），并以人体尺寸为依据提出的新尺度。

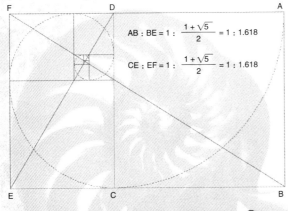

$$AB : BE = 1 : \frac{1+\sqrt{5}}{2} = 1 : 1.618$$

$$CE : EF = 1 : \frac{1+\sqrt{5}}{2} = 1 : 1.618$$

◉ 黄金比例使人感到美的原因

从左图拥有黄金比例的长方形中除去一个正方形，留下拥有黄金比例的长方形，再次从这个长方形中除去一个正方形，仍会留下拥有黄金比例的长方形。这种情况将永远持续下去。也就是说，即使从这个长方形中除去一个正方形，仍然会重复出现一个与原长方形相似的长方形。这是在正方形中不断用更小的正方形来填充，即可以说是完全由正方形填充而成的长方形。
这种性质与自然界生物的生长有着很强的关联性。我们或许正是把这个长方形中感受的印象与自然界的比率相结合才感受到了美吧。

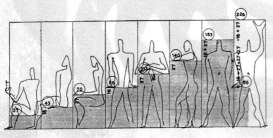

◀ 模数的数列和人类动作的关系
画：勒·柯布西耶

◉ 对数螺旋

自然界中可以看到的螺、花芽等都是在保持着相似性的情况下缓缓地螺旋形增大。这种拥有与自己相似的螺旋叫做对数螺旋。正如这样，在本体成长的同时逐渐追加成长的生物的器官、宇宙银河的旋涡等都可以看到对数螺旋。

◀ 梵蒂冈美术馆的二重螺旋台阶 从正上方看就是对数螺旋。

20 世纪初的艺术运动

POINT

20 世纪初展开的、多种多样的艺术运动，至今还从多方面影响着设计

20 世纪初展开的多种多样的艺术运动成为了现代设计的基础。

1910 年代中期，绘画、雕刻、建筑、摄影等艺术运动伴随着俄罗斯革命时期的社会主义国家建设而兴起。这一艺术运动的总称是俄罗斯先锋派。

这种艺术理念包括光线主义（Rayonism，指俄罗斯米哈伊尔·拉里奥诺夫在 1913 年《标的展》中宣称的前卫绘画运动。以描绘光为中心，分析光线产生的画面构成）、至上主义、俄罗斯构成主义（受到立体主义和至上主义的影响，1910 年代后期开始的综合艺术运动。包括建筑、电影、文字、绘画、设计、评论等多个分支）等，以告别过去的样式，设计新的样式为目的。

俄罗斯先锋派的建筑、电影、绘画等的构图及构成、手法等影响了之后的抽象绘画及建筑等方面内容。

风格派在荷兰语中是"样式"的意思。它是 1917 年在荷兰创刊的艺术杂志及团体的名称，指以此为中心的艺术运动的总称。

这一理念被称为新造型主义（Neoplasticism），是由该团体的领导者彼埃·蒙德里安提出的。他在自己的作品中用了结构（composition）一词，结构一词指的是构成、构图、作文、文字组织等意思。结构一词包括绘画、摄影、雕刻、网页设计、音乐、舞台美术、建筑等多个方面。它将各部分的形态通过体量和动态等方面的调整和结合，形成三维空间的和谐。

俄罗斯先锋派和风格派

▲ "塔特林的肖像"
米哈伊尔·拉里奥诺夫

◉ **至上主义**

至上主义是指 1913 年左右在俄罗斯发起的彻底的抽象艺术运动，也被称为绝对主义。它受到立体主义和未来派的影响，被认为是立体未来主义的集大成。它还对同时期的俄罗斯构成主义及之后的包豪斯都产生了影响。

▲ "黑色方块"
马列维奇

◉ **俄罗斯构成主义**

1930 年代流传于国际上的思想。贾柏、佩夫斯纳、弗拉基米尔·塔特林、亚历山大·罗得前柯、李西茨基、伊万·列奥尼多夫、康斯坦丁·梅尔尼科夫等都属于该团体。

◉ **列宁研究所模型**

设计：伊万·列奥尼多夫，1902~1959 年。
由列宁纪念委员会代表克拉辛提议，列奥尼多夫完成制作。研究所以莫斯科的列宁丘为基地，设想研究所拥有博物馆、图书馆，有能够举办讲座或演唱会的大厅的宫殿等文化设施。以上述基本构想为基础，形成高层楼、底层楼和玻璃球体等三种形态组合的设计方案。通过浮于上方的玻璃球、用于保管图书的高耸入云的高层楼以及向三个方向水平延伸的低层楼构成的建筑群，创造出强烈的浮游感和反重力性。另外，模型照片所选取的高空倾斜向下的超鸟瞰视角是观察建筑的一个全新的视角。列奥尼多夫的这种未完成项目对 20 世纪的建筑产生了很大的影响。

▲ "云镫"
埃尔·李西茨基

▲ "列宁研究所"

◉ **第三国际纪念塔的模型**

设计：弗拉基米尔·塔特林，1885~1953 年。
第三国际是指宣扬共产主义运动的团体，由列宁组织而成。模型为螺旋形的构造体中吊了三个立体，塔轴线的倾斜角度与地轴的倾斜角度一致。三个立体自下而上分别为立方体（柏拉图体）、金字塔体和圆柱体，它们分别以一年一圈、一个月一圈和一天一圈的速度旋转。中间的立体是用玻璃做的，用途包括有会议场所、行政机关、新闻中心等的设置。

▲ "列宁研究所"
伊万·列奥尼多夫

▲ "第三国际纪念塔"（高度超过 6m）
弗拉基米尔·塔特林

◉ **彼埃·蒙德里安**

彼埃·蒙德里安曾在阿姆斯特丹学习绘画，后在巴黎从立体主义像抽象主义转变。蒙德里安初期作品以描绘风景为主，之后形成了自己独特的抽象表现。1920 年代后期，他在阿姆斯特丹结识了杜斯伯格和范德莱克等提倡严谨样式的抽象主义者，1917 年创刊了杂志《风格派》，并进行了宣传"新造型主义"的理论和实践活动。1924 年，由于其与杜斯伯格的想法不一致，因此推出了风格派，之后他以巴黎的抽象主义运动"圆和四角"以及"抽象创作"等在世界范围确立之了名声。与曾属于包豪斯的创立者格罗皮乌斯等也频繁来访。蒙德里安在第二次世界大战时期于美国逝世，伴随着"百老汇不羁伍吉"等新造型主义集大成的作品的制作，波洛克等对二战后美国抽象表现主义也产生了很大的影响。

▲ "红蓝椅"
格里特托马斯·里特维尔德
受到风格派运动影响而制作的椅子

▲ "百老汇不羁伍吉"
彼埃·蒙德里安

020 城市规划

POINT

从江户（现东京）的城市规划中得到启示，建立面向未来的循环型社会

城市规划包括建筑师和城市规划师们所规划的理想城市规划和具有行政法律拘束性质的现行城市规划两种。现行城市规划与建筑基本法有着密切的关系。其要点是：为寻求城市的健全发展和秩序的保障，制定从现在起面向将来的综合的土地利用计划，是为了有效实现土地利用、城市设施的修缮、市区再开发等事业的规则。

在过去的日本政治中心地江户进行过怎样的城市规划呢？自从德川家康进入江户之后，家族成员的涌入使江户人口增加，饮用水的保障成了迫在眉睫的问题。因此，德川家康进行了引水工程，还修建了运输盐的从下总国·行德的盐田到江户的运河（全长4.6km）。另外，为了能够最短距离地将物资从江户凑运送到江户城，开凿了"道三崛"小路。

秀吉没落后，进行了天下普请。这包括江户城的建设、町人地、武家地、寺社等城市设施的计划，以及大规模的城市建设工程。

江户区别于其他城市形状的地方是它有环状放射的道路。其目的在于保护江户城及江户居民区，防止敌人入侵。同时，由于江户地区低洼地带较多也没有挖掘每户的水井，因此除了神田上水之外，还修建了玉川上水。另外，通过将粪尿作为换金商品回收，构成了完全循环型社会。

现在的东京虽然沿袭了江户时代的土地利用（城市规划），但当时的循环型社会逐渐远去。城市从扩张转向紧缩，同时还面临着经济体系的变革。

城市规划

照片来源：丹下都市建筑设计（摄影：川澄明男）

◉ 东京规划 1960

指 1961 年由东京大学丹下健三研究室设计的《东京规划1960》。

丹下健三认为，战后东京由于物品投资过剩而产生的城市混乱其原因在于单中心的城市结构。于是，在《东京规划1960》中，以新的城市结构摆脱单中心放射体系，提出了从东京市中心向东京湾延伸的"单中心放射状向线型平行放射状的变革"的提案。

◉ 理想的城市规划

除了城市规划师丹下健三的《东京规划1960》以外，日本建筑师提出的城市规划还有受新陈代谢运动影响的菊竹清训的《海上城市》(1958~1963年)、黑川纪章的《霞浦湖上城市》(1961年)、矶崎新的《空中城市》(1960年)等。

◉ 江户至明治时期东京周边的土地利用状况

德川家康为了应对每逢下雨关东平原一带的湿地带就会被利根川的水所淹的问题，将江户湾的利根川和渡良濑川与鬼怒川和小贝川相连，最后将利根川向铫子引流，从而改善了水淹的状况。结果，湿地一带逐渐干燥，关东平原成为日本第一的粮食产地。另外，为了确保足够的饮用水，还整修了上水道（神田上水）。

尽管江户政府的诸多制度历经三代将军家光至四代将军纲逐渐完备起来，但江户城在建造的初期，急速的发展就已经使城市机能达到了上限。后来，以1677年的大火也称振袖大火（明历的大火，毁坏了外河以内的几乎所有区域、江户城及大多数的诸侯宅邸、街区等大半地区，死者人数高达3万~10万人）为契机，进行了以防火对策为中心的城市改造。

政府为了使江户城不再受到火灾的威胁，扩大了诸侯宅邸之间的距离，在街区中预留出防火用地，另外，在紧邻寺的地方修建上野大街和浅草大街作为防火用地。

大火后修建了两国桥，将城市向隅田川以东扩大。诸侯官邸分为上宅邸、中宅邸和下宅邸，丸之内地区居住着诸大名（江户时代直接供职于将军，俸禄在1万石以上的领主），霞关地区居住着外样大名（非将军同族出身的诸侯，旁系诸侯），麹町、茶之水地区居住着旗本（江户时代俸禄在1万石以下、500石以上的直属将军的武士）、御家人（与将军缔结主从关系的武士）。商人的町在日本桥、神田、京桥、银座等地区，市民的街道和居住地域则没有明确的分区。到了明治时期，丸之内地区被明治政府接收后，三菱集团投资形成了办公街，外样大名所在的霞关地区被政府没收，形成了官厅街。另外，在从江户到东京的时代变迁过程中，虽然经历了关东大地震和东京大空袭等的影响，但街区几乎没有任何改变。

▲《修订的江户图》，1844~1848年 作者：不详

▲《江户鸟瞰图江户城图》，1862年 作者：立川博章

▼ 从爱宕山（东京都港区爱宕）上看到的江户全景图

北至江户城西的丸下，南至芝增上寺，描写了武士官邸林立的景观。

照片：费利斯·比托（摄）

景观设计
（landscape design）

POINT

经过岁月的洗礼，设计产生巨大的魅力

景观一词由是日语"風景"（风景）和英语"Landscape"（景观）衍生而来的。它包含了构成景观的各种各样的要素（建筑、树木、街道）、地形以及由各个建筑组成的城市。

景观设计的魅力在于伴随着时间的推移，设计本身也经历着年复一年的变化。景观正如建筑会随着时间而晕染风景一样，会使空间向着积极的方向变化。这包括植物的生长，各类人之间的关系以及空间管理等各个方面内容。

景观这一概念是在19世纪后期，由美国的弗雷德里克·劳·奥姆斯特德[①]的大力提倡而得到推广的，奥姆斯特德也因此被称为景观建筑的第一人。这一景观的思想伴随着时代不断变化。

1960年代起，环境设计与市民参与大范围流行开来；1970年代随着公害问题的显著化，环境规划和环境问题成为了景观讨论的中心课题；到了现在逐渐出现了将景观设计与艺术相融合的尝试以及创造节能环保的环境和开展市民参与等尝试。

另外，还出现了从全球规模的环境问题以及应如何联系地看待问题（包括城市中的热岛效应、大气的净化、生态材料、生物多样性环境的创造、水质的保护等），或者从可持续发展的观点来进行景观设计。景观设计的领域正继续拓展到乡村景观、生物集群、生态城市等方面，显现出越来越广泛的趋势。

[①] 弗雷德里克·劳·奥姆斯特德（Frederick Law Olmsted）
1822~1903年，美国的风景园林师、城市规划师。被称为美国景观之父。

时间孕育而成的城市景观设计

▲ 照片左、右上：从御茶水的桥上看圣桥和御茶水车站
照片右下：从外崛道看御茶水车站 下面流经的是神田川

◉ 御茶水车站周边（东京都千代田区）

御茶水附近流经的神田川是江户时代 1616 年伊达正宗为了江户城的扩张而修建的，但由于修建困难，1660 年由伊达网正再次修建，最终形成了神田川。由于这一工程，骏河台的水脉被隔断，出现了涌水。这就是"御茶水"的来源。

利用这条河（江户城运河）铺设了铁道，并在御茶水桥和圣桥所夹的悬崖上建造了御茶水车站。总武线、中央线以及经过地下的地下铁丸之内线等，形成了多层重叠的流动形态。

深谷、水流、具有强大生命力的树木，同时，控制接近河川的建筑高度来保留宽阔的天空，这些空间的深度和重叠在一起的时代印记等形成了美丽的城市景观。

"圣桥"这一名称的由来是因为在夹有御茶水车站的位置上连接了汤岛圣堂和尼古拉堂（东京复活大圣堂），通过公开募集选定。表现派风格的巨大的圆形拱门和很多巨大的形状各异的顶端尖锐的拱门位于左右的姿态简单而有力。圣桥的设计者是山田守。他在东京中央电信局（现已不存在）中也采用了这种顶端尖锐的门面形式。

近年来的外观修整中，加入了模仿石头的润饰和模仿砌石的接缝，逐渐失去了原本利用混凝土的可塑性而形成的表现派风格的设计。

◉ 茅爱莱沼泽公园（北海道札幌市东区）

雕刻家野口勇参与了计划，确定了基本设计。该计划用地原本是用于处理不燃物质的场所，填埋了约 270 万 t 的垃圾。野口勇设想将这片土地"看作一个整体雕刻的公园"。

公园以该构想为基础建设起来，并于 2005 年大范围开放。野口勇设计的游憩道具、喷水、山丘、雕刻、建筑等与大地融为一体，形成了良好的景观环境。在玻璃金字塔（右上照片）上使用了雪冷房体系（→ 090）。

022 文脉（context）

在场所中，该地块的"场"拥有印刻着的历史、文化、气候、景观等。场所拥有的这些特有的背景就被称为文脉（context）。文脉一词由"con"即共同拥有以及"text"即编织两部分含义构成，意思是共同编织、交织在一起。

建筑只要建成，就产生了建筑本身和包围建筑的外部环境之间的关系。这与建筑的大小无关。无论是怎样的建筑都必然会与外部社会产生密切的关联。

充分考虑社会、地域文化、气候、景观等要素进行建筑设计是建筑设计者应尽的责任。为此要求设计者分析理解建筑所在地区的文脉，从适当的且客观的角度进行设计。

作为世界遗产的广岛县宫岛的严岛神社是以岛为背景的，建在入海口的水上神殿。水上红色的神社牌坊、覆盖着岛屿的绿色森林、蓝色的海水等，设计者认真地解读了这一场所特有的文脉，创作了风景与建筑融为一体的魅力的景观。

意大利锡耶纳的坎波广场是扇形擂钵状的广场，广场的底部矗立着市政大厅和曼贾塔钟楼。广场周围的建筑与市政大厅的装饰风格相协调，同时，市政大厅的高度、塔的高度以及围绕广场的建筑群的高度都是以适当的比例建设的，因此构成了舒适的空间。

设计行为有必要探寻并解读肉眼难以观察的文化背景，当所在地区的环境十分混乱的时候，也有必要拥有批判地解读的能力以及描述理想形态的能力。

文脉的读解分析能力和感受性

照片：Mareco 摄

▲ 严岛神社（广岛县·宫岛）

日本的传统建筑和现代建筑有着共同的优点，就是在设计中认真解读整片土地的文脉（context）。

文脉从广义上来说包含了"社会"、"环境"、"时间"等意义，如何在各个不同的地方获得最多的信息被认为是设计者的一种能力。

实际工作中，为了更好地感知空间（环境）会进行实地考察并收集地方拥有的历史与文化，另外还会从俯视及近距离的视点来考察，从各种各样的角度进行分析。

对于文脉的这种读解方法根据分析能力及感受性的不同，获得的信息有浅有深。

▼ 坎波广场（Siena Piazza del Campo）▶
　　意大利·托斯卡纳地区·锡耶纳

色彩对景观的影响力

POINT

认识色彩的力量和效果

近代以前，人工材料的种类并没有像现在那么多。建筑主要用石料、木材、土料等自然材料，需要使用的各种材料的色彩也比较有限，因此形成了具有地方风土特色的景观。现在，石油文明的恩惠使我们不断开发着各个领域的各种新材料，选择的范围也随之扩大。但是，不考虑景观环境的选择自由度的扩大成为不协调景观增加的重要因素。

色彩会对人的心理产生各种各样的影响。石料、木材、土料等自然材料经历风化后仍然能够呈现出优雅的感觉，但想要从塑料那样的工业制品腐朽的形态中看到的感觉就十分困难了。造访古老的街道时可以感受到那种沉着的、治愈的感觉，这是因为形成景观的材料随着风化而呈现的魅力与色彩之间有着很好的平衡。

对于色彩给景观和人所产生的心理效果的研究涉及环境工学、色彩心理学、景观等各个领域。在环境工学中，色彩环境作为光环境的研究对象，重点进行心理评价、景观评价等方面的研究；在景观设计领域，主要进行色彩对景观的作用方面的考察、实践和研究。人们感觉喜欢的色彩差异主要集中在由自然环境构成的景观，而对人工环境的色彩差异在心理评价上并不高。

以这样的评价来观察街道，可以看到有些建筑为了达到广告的效果常采用耀眼的原色，配色强烈；另外，街道边杂乱的广告牌使整体色彩差异增大，对街道造成干扰，给经过的人们带来心理上的压力。

建筑并不是单个存在的，它必然与周围的环境相融合，从而形成包括建筑于一体的整体环境。

从地方城市的街道可以看到建筑的色彩

景观不仅包括建筑，还包括了土木构造物、庭园等所有进入视野的对象。

我们在对形成景观的各种各样的对象进行设计的时候，总是不知不觉地在进行着颜色的选择。

照片中随机选取了日本地方城市中古老的街道（A~F：茨城县樱川市真壁）和意大利地方城市的街道（G~L：阿西西）的景象，建筑中所用到的灰色、白色、玫瑰色的石材（阿西西街道上看到的条纹状的色彩是白色和玫瑰色的石灰岩交织重复而成的）、木头风化后形成的黑色、灰浆的白色等自然素材的颜色使街道形成了良好的优雅的景观。

不过，日本的街道中的广告牌、标志等也是影响景观印象的一个重要因素。缺乏景观考虑的标志会成为干扰，对住在那里和去到那里的人的心理产生一定的影响。"进行设计"就是要选择色彩，对景观负起责任。

024

室内设计（Interior design）

POINT

室内设计领域及其魅力的扩张

室内设计以形成室内环境的一切作为设计对象。虽然室内设计涉及形成室内环境的建筑室内装修、椅子、桌子等物品，但它所包含的领域并不局限于建筑，它还包括了车、飞机、火车、船舶等的内部设计。室内设计师就是承担上述领域的设计和构成工作的职业，活跃于各个领域。

室内设计还需要心理学的研究。包括色彩、材质对人心理的影响，室内声音的流动、光的移动等与时间有关的概念。然后，通过设计人类可以在自然状态下使用的产品和环境，解读人的生理反应及心理感受的变化，从而寻求恢复人类本身拥有的五大感觉。

另外，受到室内设计的影响，出现了无障碍设计、通用设计、包容性设计（考虑包括从小孩到大人、高龄人群、健康人群及残障人士的设计）、为所有人设计（Design for all，制作满足不同能力范围、状况的人便于使用的产品、服务和体系）等概念。这些都是以人为本的设计思考方法，从产品与使用者之间的关系来影响设计。

扩大的领域

室内设计最初是以家具、装饰设计为中心进行的。现在，其中加入了许多建筑要素，转向了对空间、环境的控制层面。并且，建筑设计与室内设计的界线也开始变得暧昧不明。现在，开始出现了建筑像家具那样移动、家具拥有建筑功能的提案。领域界线的暧昧不明与室内设计魅力的扩大有着紧密的联系。

室内设计研究

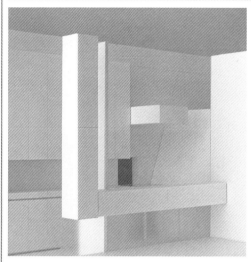

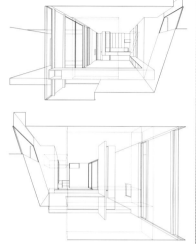

住宅的室内空间需要一边想象居住者的生活场景，一边思考光、风等的导入方法和详细的生活动线，另外还要考虑家具的布置。通过室内空间的模型和透视图的绘制等手法，比例的验证变得容易了许多。

材料方面，形状相同的家具或建材等也会因为材料选择的不同而给人带来不同的印象。为此，必须考虑什么样的材料装饰才适合某个空间，还必须考虑心理上的影响。居住者是否能在住宅中愉快地居住就取决于这种细部装饰充满想象力的意识取向。

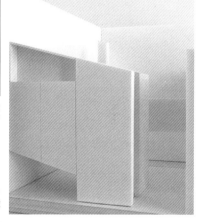

建筑家具

照片中是由建筑师、产品设计师铃木敏彦开发制造的被称为"建筑家具"的产品。

建筑本身具有长寿化的倾向，但是房间的分隔和设备的固定阻碍了空间的可变性。考虑到通过将房间的分隔与设备和家具一体化设计，可以使室内空间具有可变性并确保空间的自由度，因此开发了诸如可移动厨房、可折叠办公室、可折叠客房等一系列建筑家具。提出了新的生活形式和生活空间。

▼ 建筑家具公司

▼ 从左起：
可移动厨房、可折叠办公室、可折叠客房

图、照片：www.atelier-opa.com

025

光的导向

POINT

通过自然光产生的光的移动和照明设备的选择，可以改变接收光的材料的印象

建筑是由构成建筑结构和建筑外部、内部使用的各种各样的材料所构成的。材料所拥有的颜色和质感如果没有光就无法感觉到。

即便是自然光，材料给人的印象也会因为开窗方式的不同而有很大的变化。如果将开窗的高度改为落地窗，那么光就会像是贴着地面那样柔和地投射进来。如果设置从地面到屋顶的大开口，那么投射进来的光的量就会增加，素材就会接收到较强的光。另外，在如同细长缝隙的开口处，光线尖锐地投射进来，使室内材料的对比变得强烈。正如这样，即使是同样的自然光，根据开口方式的不同，给人的印象也会随之改变。

另外，照明设备的光源是选择白色还是选择红色或蓝色也会改变接收到光的同种材料给人的印象。如果希望房间给人以沉稳的感觉，可以选择暖光的白炽灯、卤灯，而荧光灯也应选择普通灯泡色。另外，如果想要光更加柔和，可以通过顶棚或墙面等反射光源，形成看不到直接光源的间接照明。但是，这些光会因为投射的材料的不同而产生完全不同的印象。白色墙面的反射率比较高，颜色较深的暗色系墙面的反射率则比较低。在书房或厨房等需要眼力工作的地方，比较适合设置与白天太阳光接近的蓝白色的荧光照明。

材料的配置不仅要准确解读材料所拥有的特性和魅力，还要同时考虑因材料放置的情况、照明设备的选择和开口的方法等表现出的包括时间推移在内的各种各样的空间情况。

开口处的切割方法

根据开口处位置的不同，室内的印象也会有很大的变化。

上面的照片描述了针对拥有两层高的楼梯井的大房间南面的墙，通过落地窗、侧窗和高窗来确保通风和采光。由于地面、墙面、顶棚都接收到光照，因此室内的印象变得柔和了。

右边两张照片描述的是通过长条状的顶部开口投射出来的光，使室内得到适当的照明，同时，时刻变化的光也成为娱乐的设施。

57

026

构造设计

在自然界的形态中蕴含着许多提示构造设计的启示

建筑的构造体现了源远流长的人类历史中各种各样的变化。例如砖石结构、传统木结构建筑手法和合成板材的大构架结构、钢筋混凝土结构、钢结构、劲性骨钢筋混凝土结构、铝结构、预制手法等。同时，这些构造手法的创意很多都来源于生物的姿态以及自然界所看到的现象等的启发，从而形成新的建筑手法，拓展了空间的可能性。例如，受到了蛋壳、贝壳等拥有高强度的构造的启示而产生了壳形构造。

壳构造形成了像圆贝壳状的悉尼歌剧院（设计：约恩·伍重、结构：奥雅纳）和如双曲线放射性壳状的东京大教堂圣母玛利亚大教堂等内外部都十分美妙的大空间。

现在，在将碳纳米管的原子构造应用于建筑构造的想法基础上，产生了蜂窝状建筑的构想。从蜂窝等可以看到正六边形蜂窝构造具有对称性等几何学特性和高刚性、高耐力等力学特性。

蜂窝结构建筑就是应用上述特点，通过假定多样的建筑形态，并分析其构造，从而形成新世纪建筑样式的有效参考。

构造设计可以定义为"提取每个建筑所拥有的特性和风格，摸索构造应有的方式，赋予空间秩序性，在应用技术工学的同时寻求整体与局部的统一。"自然界的形态到现在仍蕴含着很多扩大建筑可能性的启示。志在构造设计的学者除了学习工学的知识和技法之外，还有必要拥有对风景、植物、动物等各种各样的自然形象的感性的兴趣，这关系到工学感性的磨练。

蜂窝结构

◀ 东京大教堂圣母玛利亚大教堂（1964 年，东京都文京区关口）
设计：丹下健三
结构：坪井善胜
构造体系：HP 壳（双曲壳）双曲线外壳结构

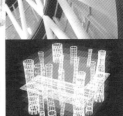

▲ 仙台媒体中心（2000 年，宫城县仙台市）

占地面积：3948.72m²
一层建筑面积：2933.12m²
总建筑面积：21682.15m²
建筑高度：36.49m

设计：伊东丰雄建筑设计事务所
结构：佐佐木睦朗结构计划研究所
结构体系：建筑整体由 13 根独立钢管轴（管：主要为钢管桁架结构）和 7 块平钢板（蜂窝板：钢板三明治构造）构成，各层采用不同的平面计划。

制图：佐佐木睦朗结构计划研究所

◉ **蜂窝管建筑结构（HTA）**

蜂窝管建筑结构是指开发使用 PC（结合了预制混凝土和预应力混凝土两种技术）工艺和钢（铁骨构造）造的轻蜂窝工艺、不规则蜂窝工艺和蜂窝管・摩天楼工艺等多种多样的工艺，开始在中高层公寓、低层建筑、超高层建筑等各个领域拓展新的可能性。

构造特许：积水化学工业
模型照片：Inter-design Associates

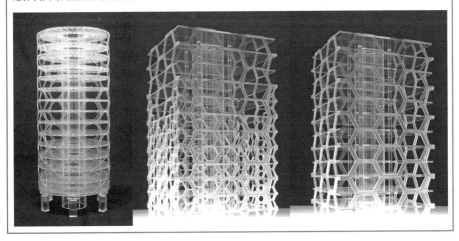

027

环境设备和建筑设计的关系

POINT

面向生态气候设计的未来环境控制技术

近代建筑以丰富的（当时认为）化石燃料供给为背景，在伴随着建设技术和设备技术等的进步的同时，室内气候逐渐可以进行人工控制。这种人工环境技术的发展不受时间、场所的拘束，使建筑设计从之前的地方气候风土制约之中解放出来，并逐渐成为国际样式传播到世界各地，成为了20世纪建筑的模型。

尽管国际样式成为一般建筑的主流形式，但为了提高室内环境的舒适性，导致了外部和内部的界线被阻隔，同时对于外部自然环境心理层面的距离感也逐渐扩大。

近代之前，能源资源较为稀少，因此，为了抑制能源消费想了很多办法。为了抑制建筑建设中的能源消耗，因此尽可能地就地取材，认真解读当地气候特征，在通风、遮阳、换气、防风等建筑设计上下工夫来应对自然。近代之前的建筑与外部环境的关系非常柔和。

将来建筑环境的体系是指上述的乡土建筑（→011）的特性和被动式设计（指使用太阳能在墙及地板等处蓄热使冬天室内空气变得暖和或通过绿化减少热负荷并缓和屋外暑热环境等不依靠机械动力体系就有的东西（→079）中所重视的吸纳地域性、场所性的环境控制技术，这将会向着积极采用自然力量的生态气候设计（→081）方向发展。

1928年建造的听竹居被认为是生态气候设计的原点。从这个建筑中可以学到很多东西。

生态气候设计的原点 "听竹居"

▲ 生态气候设计的原点 "听竹居"
出处：「聴竹居实测図集」2001年、竹中工务店设计部编、影国社
图：竹中工务店设计部
照片来源：竹中工务店（摄影：吉村行雄）

▲ "听竹居" 全景

"听竹居" 是1928年由藤井厚二建于京都府乙训郡大山崎町的天王山麓的最后的实验住宅（自邸）。藤井厚二为了实际验证怎样的住宅能够适应日本的气候风土，建造了5栋实验住宅，而 "听竹居" 作为这些住宅的集大成者，是近代住宅建筑的代表作。

◉ **建筑物配置**

建筑物进行了偏离南北轴一定角度的设计，通过东西向较长的房间布局来减小东西向面积，从而减少能源的消耗量。

◉ **装饰材料**

外墙用竹条、土、砖、钢筋混凝土等不同种类的材料制成后，通过实验比较太阳直射下住宅内部的温度变化来选择最优质的素材作为最终土墙的装饰材料。屋顶材料由于需要有很好的隔热性和耐火性等特性，通过比较后认为混有葺土的瓦葺是较为有效的。然而，在实际选择时应该考虑周边的景观来选择使用瓦葺或铜板葺。

◉ **走廊、室内换气系统**

南部房间设置有名为 "缘侧（走廊）" 的阳光房，夏天可以作为缓冲空间、冬天则可以与起居室连为一体，通过地面吸收、蓄热，产生直接调整室内温度的作用。从通风较好的西面吹进的风可以通过地下埋设的导气筒导入室内。从换气的重要性角度来说，日本住宅与欧美追求高气密性的住宅不同，为了形成 "一屋一室" 来扩大气体体积，通过在各个房间的隔间处上方设计栅栏，来确保通风。导入的空气通过各个房间顶棚上设置的换气口经过屋顶内侧，然后从山墙面的通风窗排出（以上内容引用自 "竹中e报告2003"）。

"听竹居" 与现代住宅不同，它不依赖于机器设备，而是通过认真解读当地的风土气候来确保住宅的舒适性。因此，藤井厚二的设计思想被认为是生态气候设计思想的原点。2010年9月起，"听竹居" 经预约可以参观学习。

▲ 从餐厅看到的起居室

▲ 起居室

▲ 阳光房、走廊

▲ 客厅

国际主义风格

国际主义风格是指为了形成超越个人及地区等特殊性的世界通用样式而进行尝试所形成的建筑样式。其特征包括没有色彩、没有装饰的墙面以及可以自由分割的通用室内空间。国际主义风格是由约翰逊（Philip Johnson）和希区柯克（H.R.Hitchcock）共同提出的，并于1932年在纽约近代美术馆举办 "现代建筑" 展的展览上得到肯定。代表作为密斯·凡·德·罗的一系列代表作。

◀ 西格拉姆大厦（Seagram Building）1954~1958年
通过外挂幕墙和玻璃表现出了建筑外立面的均质性。
设计：密斯·凡·德·罗、菲利普·约翰逊
照片：Tom Ravenscroft（摄）

▲ 藤井厚二
1888~1938年，建筑师、建筑学家、建筑环境工学的先驱者。在环境工学的研究中提出了将日本的气候风土和西洋的空间构成相融合的手法。

028

住环境计划所追求的东西

POINT

住环境计划以市民参与的方式考虑居住者的观点

住环境包括安全性、保健性、便利性、舒适性以及美观性、经济性（居住费用）等内容。住环境是指提供这样的居住和生活场所的生活环境的总称。1980年代以后，可持续性也成为住环境的主题。住环境的主题因此变得多样化。现在，住环境面临着各种各样的问题。

快速推进的少子高龄化问题

从国家社会保障与人口问题研究所2009年发表的报告中可以看出，到2020年，日本总户数的三分之一将只有一个人居住。

这暗示了今后在城市中也将有过疏化的地区，街道也有变成贫民窟的可能性（→008）。

城市的景观问题

悠闲安静的独栋住宅区中突然出现阻隔景观的高层住宅楼的情况在日本各地都时有发生。这说明了建筑法规对于景观保护方面的作用并不够充分。

选择居住在超高层公寓的人们大多是为了享受高品质的城市服务，但是这也给景观的历史性、将来适当的大规模修建和重建等方面带来了多方面的困难和问题。

这些住环境存在的各种各样的问题，单纯依靠法律的改善来解决是非常困难的。形成良好住环境的重点在于考虑居住者的需求并有效地利用地方特色，通过让居住者参与到住环境形成的过程中，使住宅及环境的形成成为富有魅力的东西。

住环境计划是以住环境各种各样的外部要求（人口减少导致的高龄化社会、住宅的减少、空地的问题等）和从居住者出发的内部要求（居住便利且安全、居住在美丽的街道）为依据，从而来考虑将来的住环境模型。

到 2030 年，高龄人群在日本各都道府县都将增加，冲绳县等 9 个县甚至会超过 2005 年的 1.5 倍。

高龄人群的比例到 2020 年全部都道府县都将超过 30%，到 2030 年秋田县等 33 个县都将超过 40%。

独居高龄者或高龄者夫妇在高龄人群中所占的比例到 2025 年全部都道府县都超过 20%，到 2030 年鹿儿岛等 10 个县都将超过 30%。

都道府县	户数（1000 户）		增加率	在总户数中所占的比例（%）	
	2005 年	2030 年	2005 年↓2030 年	2005 年	2030 年
日本全国	13546	19031	40.5	27.6	39.0
北海道	655	864	31.9	27.6	40.9
青森县	162	203	25.2	31.8	45.0
岩手县	154	191	23.8	32.2	43.9
宫城县	222	326	46.4	25.9	39.0
秋田县	146	165	13.1	37.3	49.8
山形县	137	169	24.0	35.5	46.1
福岛县	210	286	36.4	29.7	42.3
茨城县	266	408	53.4	25.8	40.1
栃木县	182	285	56.3	25.3	39.0
群马县	208	285	37.3	28.7	40.3
埼玉县	622	1046	68.3	23.6	38.2
千叶县	558	918	64.5	24.2	38.5
东京都	1400	2110	50.7	24.4	33.4
神奈川县	834	1361	63.2	23.5	35.5
新潟县	269	340	26.2	33.1	44.1
富山县	121	154	27.5	32.6	42.9
石川县	117	161	37.5	27.7	39.8
福井县	86	115	33.6	32.3	43.3
山梨县	95	129	35.3	29.7	41.4
长野县	253	313	23.5	32.5	42.6
岐阜县	213	284	33.3	30.0	40.5
静冈县	380	549	44.4	28.2	40.4
爱知县	653	1010	54.7	24.0	34.0
三重县	200	264	32.3	29.7	39.5
滋贺县	116	183	57.9	24.3	34.8
京都府	289	383	32.3	27.2	37.8
大阪府	962	1334	38.6	26.8	38.9
兵库县	608	853	40.3	26.8	40.9
奈良县	144	197	36.8	28.8	43.2
和歌山县	134	153	14.1	35.0	47.3
鸟取县	68	85	25.2	32.5	42.0
岛根县	93	104	12.1	36.0	45.3
冈山县	223	287	28.5	30.8	40.7
广岛县	327	437	33.3	29.0	41.0
山口县	206	228	10.6	35.0	45.7
德岛县	96	116	20.8	32.3	43.3
香川县	119	148	23.9	31.7	42.9
爱媛县	187	223	19.5	32.2	43.6
高知县	112	126	11.9	34.7	44.9
福冈县	544	755	38.6	27.4	38.8
佐贺县	96	123	27.2	33.7	43.6
长崎县	184	222	21.0	33.3	45.5
熊本县	217	274	26.5	32.7	43.6
大分县	150	181	20.7	32.3	42.9
宫崎县	146	185	26.6	32.5	45.9
鹿儿岛县	257	290	13.0	35.5	46.2
冲绳县	121	209	72.1	24.9	35.5

▲ 各都道府县高龄户总数及其在总户数中所占的比例的变化

因四舍五入总数未必一致。

高龄户是指户主年龄在 65 岁以上的户。

资料出处：日本社会保障与人口问题研究所 日本户数的发展推算 2009 年 12 月推計

▲ 东京住区的景观（东京都中央区月岛）

东京都中央区月岛至今还保留着古色古香的街道景观。但是，这一区域正在逐年缩小，周边建起了密集的高层住宅楼，它们与低层的住宅区景观上的不协调性日益显著。

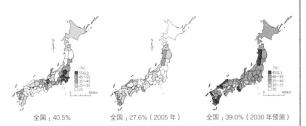

全国：40.5%

▲ 高龄户数的增加率
（2005 → 2030 年）

全国：27.6%（2005 年）　全国：39.0%（2030 年预测）

▲ 高龄户数占总户数的比例
（左：2005 年　右：2030 年）

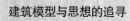

建筑模型与思想的追寻

建筑模型是为了确认设计方案的形态、比例以及建筑周边环境的平衡关系而制作的。另外，为了探寻建筑师是如何思考空间的，可以通过制作自己感兴趣的建筑师的建筑模型，在制作的过程中发现很多内容。

为什么在这块用地上要进行这样的配置？
为什么要推广这样的计划？
为什么这里必须设开口？
为什么要以这样一种比例？
制作模型需要一些必要的信息。在没有平面图、断面图、立面图等图纸的时候就需要自己进行推理。通过收集资料，绘制图纸，可以看到很多本来看不到的信息。模型的制作就是在追寻建筑师的思想，同时也会产生出许多自己的新想法。

▲ 巴塞罗那国际博览会德国馆，1929 年（1986 年重建）　　设计：密斯·凡·德·罗

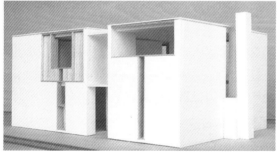

▲ 埃西里科住宅，1951~1961 年　　设计：路易斯·康

▲ 费舍住宅，1960~1967 年　　设计：路易斯·康

第 3 章　什么是工法

029

工法的种类

POINT

工法的选择必须建立在了解工法特性的基础之上

　　建造建筑的工艺手法受到材料种类及材料使用方法的影响而存在差异。

　　使用木材的工艺手法包括木结构传统工法（石场建→031）、木结构在来轴组工法、木结构大断面轴组工法、2×4工法、SE工法等。

　　使用砖石的工艺手法包括砖结构、强化混凝土预制板结构等。

　　使用混凝土的工艺手法包括钢筋混凝土工法、强化混凝土预制板工法、预制工法等。

　　使用钢材的工艺手法包括钢骨架工法、组合了混凝土和钢骨架及钢筋的钢架钢筋混凝土工法等。

　　此外，还有混合利用不同种类工法的混合构造、使用工厂预制量产材料的预制装配式工法等。

　　各种各样的工法都会因材料特性的不同而同时存在优点和缺点。

　　选择工法的依据包括建设用地的地基情况（在软弱地基上的工法选择因建筑规模的不同而受到制约）、与订购者要求的建筑规模相对应能够承受的成本、建设工期的制约、构造即防火上的制约、效率性及技术性等方面。另外，还包括以获得材料质感及空间特性等为目的的感性上的判断和用途上的相关内容等。正确理解各种工法的特性，选择符合特定建筑的工艺手法。

　　认识建筑有社会性构筑物的侧面是十分重要的。不仅要以经济合理性作为主要的判断基准来选择工法，还必需同时考虑安全性、耐久性、周边环境的协调、美观性等问题。

构造材料与工艺手法的关联图[1]

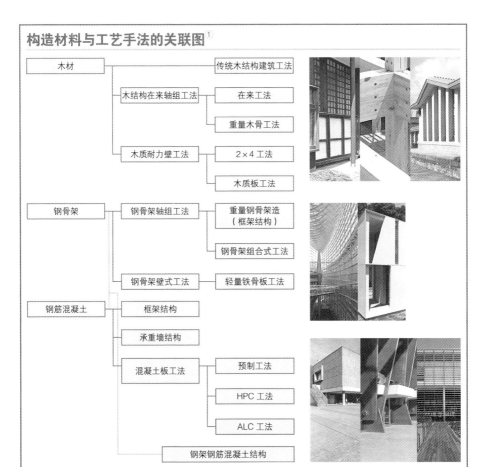

```
木材 ─┬─────────────────── 传统木结构建筑工法
      ├─ 木结构在来轴组工法 ─┬─ 在来工法
      │                    └─ 重量木骨工法
      └─ 木质耐力壁工法 ─┬─ 2×4 工法
                        └─ 木质板工法

钢骨架 ─┬─ 钢骨架轴组工法 ─┬─ 重量钢骨架造
        │                │   （框架结构）
        │                └─ 钢骨架组合式工法
        └─ 钢骨架壁式工法 ─── 轻量铁骨板工法

钢筋混凝土 ─┬─ 框架结构
            ├─ 承重墙结构
            ├─ 混凝土板工法 ─┬─ 预制工法
            │               ├─ HPC 工法
            │               └─ ALC 工法
            └─ 钢架钢筋混凝土结构
```

轻量钢骨架与重量钢骨架

厚度在 6mm 以下的钢材称为轻量钢骨架、6mm 以上的钢材称为重量钢骨架。

轻量钢骨架工法包括钢筋板工法（轻量铁骨工法）等，常被住宅建设商采用。

工法

● 预制工法（→ 040）

在钢筋混凝土制成的框架上用预制板进行连接的工艺手法称为预制工法，在重量钢骨架上用 PC 板进行连接的工艺手法称为 HPC 工法。

● ALC 工法

ALC 是 "Autoclaved Lightweight Concrete" 的简称，"Autoclaved" 表示气泡，"Lightweight" 表示轻质，也就是轻质加气混凝土的意思。ALC 工法就是指在建筑中使用这种材料作为墙面材料（不能作为承重墙）的工艺手法。ALC 和 PC 一样是在工厂中完成生产的，但这种 ALC 板由于有规格的限制，价格相对比较便宜，因此多用于一般的中低层建筑。

● 钢架钢筋混凝土结构（→ 035）

钢架钢筋混凝土结构是指用钢骨架构成建筑的柱和梁，再在这些钢骨架上配置钢筋，并用混凝土进行浇筑形成一体化结构，即钢架钢筋混凝土结构的简称。

① RC 造：钢筋混凝土结构；SRC 造：钢架钢筋混凝土结构（简称钢架结构）；2×4 工法：框组壁工法，工厂预制、现场安装；PC 工法：预制混凝土构件工法；HPC 工法：高性能混凝土；ALC 工法：蒸压轻质加气混凝土墙板工法。

030

建筑的寿命

POINT

为了促进建筑的长寿化，有必要对当地的气候、风土等方面进行正确的分析

根据 1996 年度日本建筑白皮书（原建设省、现国土交通省，相当于我国住建部），日本住宅的平均寿命仅为 26 年。这份报告书给当时的建筑界带去了巨大的冲击。当时美国的住宅平均寿命为 44 年，英国的住宅平均寿命为 75 年，与这些国家相比，日本住宅的寿命要短得多。

日本住宅寿命较短的理由包括了尚未从高度经济成长期的报废和新建的体系中抽离出来以及与建筑相关的技术人员缺少对于长期保存建筑的相关技术上的认识。

另外，建筑的寿命还在很大程度上受到当地特有的气候风土的影响。即便对于建筑的要求相同，在冲绳建和在东北的雪国建，在建造的方法（工艺手法）上也会存在很大差异。

冲绳的民居（→ 081）为了应对台风等外力及强烈日照的影响，压低了屋檐的高度，屋顶上的瓦也为防止被风吹走而采用灰浆固定起来。通过上述手法增加屋顶自重，增强民居应对强风的能力。另外，为了遮蔽夏天强烈的日照，加宽了屋檐的外挑并设计了屋檐下的空间。

另一方面，在多雪地区的雪国，用于应对雪灾、冻灾、冰水渗漏等的项目较多。在下页照片中的旧山田家，为了防止冬天雪的侵入，会把家的周围用茅草捆围合起来。

错误的判断有可能抹杀建筑原本的功能。很多木结构民居都有与其所在地自然条件相适应的、具有风土特征的设计。

为了找到适合当地特有气候风土的工艺手法，应将这种风土（自然环境）作为劣化外力来看待，并以严谨的眼光对其进行分析。

长寿的建筑

◀ 卡多根广场（Cadogan Square）1887 年
维多利亚风格的公寓楼。已有 120 年以上的历史。
设计者：理查德·诺曼·肖（Richard Norman Shaw）

照片：渡边研司

▼ 旧山田家住宅（18 世纪初，从富山县·越中五箇山的桂聚落迁移到川崎市立日本民家园内的合掌造的古民家）
左边照片是冬天为防止雪的侵入而构筑了防雪栅的情形　　　　　　　（乡土建筑→011）

照片来源：川崎市立日本民家园

1996 年的建筑白皮书

1996 年建筑白皮书中关于"日本住宅的平均寿命仅为 26 年"的报告给建筑业界带来了巨大的冲击。

试着以不同建设时期的住宅存量来计算日本住宅的寿命，则可得在过去 5 年内拆除的住宅平均寿命约为 26 年，预测现存住宅的"平均年龄"约为 16 年。而美国住宅的"平均寿命"约为 44 年，"平均年龄"约为 23 年；英国住宅的"平均寿命"约为 75 年，"平均年龄"约为 48 年。由此可见日本住宅的生命周期非常短暂。这种差异存在的理由包括了日本仍处于战后急速的住宅存量增长阶段中、现存住宅质量较差、改建的困难以及与使用完就扔的生活方式相适应的住宅的重建等。正因如此，

日本现存住宅的流通量比新建住宅的量要少，从而形成了大量建设、大量废除的情况。这种情况虽然使 GDP 有所增长，但不仅无法形成良好的住宅储备体系，还会因为没有考虑搬家的需要而提高了为丰富居住生活所产生的成本和手续。（上述摘抄于 1996 年度《建筑白皮书》第 2 章第 2 节）

之后，在 2009 年的《国土交通厅社会资本整理审查会住宅宅地分会中间汇总方案》中，国土交通厅以总务厅《住宅、土地统计调查（1998、2003 年）》的数据为基础，推测出每年减少（住宅从建好到拆除经历的年数）的房产为 30.7 年，出租房为 25.8 年。

031

传统木结构建筑（石场建）工法

POINT

使传统木结构建筑工法适应未来需求将在传承当地产业和文化中起到重要的作用

传统木结构建筑工法是指从很久以前一直延续下来的通过接头、榫头来组合木材的工艺手法。木构件是指古代传入日本的利用木材特性的木工技术，它是一种在建造住宅骨架时，在木材与木材连接处（即被称为接头、榫头的地方）不使用钉子或金属材料，而通过在木材上雕刻一定的纹路，并用长榫、栓木、楔子、暗榫等加以固定，从而使木材间形成更好的紧密连接的结构的技术。不使用斜柱等材料。另外，住宅基础不使用混凝土而是在基石（卵石）之上直接建立柱，基石和柱子之间也不使用地脚螺栓来连接。这种在基石上直接建立柱的工艺手法被称为"石场建"。

那么，这种传统木结构建筑能够有效抵御地震吗？从奈良、京都等地的以传统木结构建筑工法建造的寺院、佛堂即使经历了数百年却仍展现出健康的氛围就显而易见了。由于住宅的骨架结构是以接头和榫头等相互连接而成的，因此地震时力的传播方向变得灵活并形成了柔韧的结构。另外，灰泥墙吸收了地震力并通过自身的毁坏达到分散能量的目的。而屋底并没有和地基紧密相连，因此立柱可以在基石上滑动或跳跃从而减低所受到的地震力。传统工法形成的是一种柔性构造。

这种屋底不受约束的石场建工法需要通过现行建筑基准法的界线耐力计算，同时还需要接受适合性判定，现在正面临着难以建造的状况。

使用国产材料能够帮助地方产业的振兴及地域文化的培育。更重要的是，传统工艺手法对街道景观的形成有着十分重要的作用。人们期待着传统木结构建筑工法在将来能在结构上得到验证，并向着易于建造的方向发展。

"掘建"、"石场建"

日本中世纪主流的"掘建"是将柱子的底部直接埋入地下的工艺手法，但由于柱子是直接埋入土中，因此存在容易腐朽的缺点。到了近代，在基石上建造柱子的基石建造手法(石场建)逐渐普及开来。"石场建"是在基石上直接建造柱子，每根柱子都根据基石的高度和形状采取被称为"光付"(使得柱子与石材之间紧贴到不漏光程度)的工艺手法。

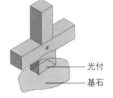

光付

基石

▲ 椎名家住宅（1674 年，茨城县霞浦县）
椎名家住宅是江户中期建造的农家建筑，其建筑样式主要为直屋造、寄栋、茅葺，房屋的跨度为 15.3m，房梁间距为 9.6m。1968 年被确定为国家重要文化财产。之后，在 1970~1971 年进行的解体修缮中，从大厅、榻榻米房内门框上端的横木的榫头上发现了"延宝贰年寅十二月三日椎名茂工门三十七年"的字样，从而确定了该住宅建于延宝 2 年的事实。

石场建工法的实物大住宅振动台试验

由国土交通厅资助的（财）日本住宅·木结构技术中心设置有"传统木结构轴组工法住宅设计法手的形成及性能检验工作"，从 2008 年起历经 3 年时间，进行与真实建筑相同大小的石场建建筑的摇晃试验以及验证木结构建筑地震等时的耐力等尝试。

◀ 试验开始前试验体的全景
与传统木结构轴组工法的二层住宅等大的住宅性能验证振动台实验（A 栋试验开始前试验体）全景照片（2008 年试验实施）。
试验场所：（独）防灾科学技术研究所兵库耐震工学研究中心
照片来源：（财）日本住宅·木结构技术中心

032

木结构在来轴组工法

POINT

木结构在来轴组工法是以简化传统木结构建筑工法的构成材料、发展以金属增补建筑强度等为目的的工艺手法

木结构在来轴组工法是指在传统木结构建筑工法的基础上使用金属等进行简单的强度增补的简化工法。传统木结构建筑工法是用粗大的柱子和梁等形成牢固结构的，但到了战后，获取这种木材变得十分困难，因此开始考虑采用斜交叉柱来代替粗大的材料的工艺手法。

相对于传统工法的柔性构造，即通过构造上的柔韧性来吸收摇晃，在来轴组工法则形成了刚性构造，即将房屋底部与地基紧密连接，并在墙面使用斜柱或表面材料来阻止摇晃。房屋底部的构造和与地基的连接方法、柱和梁的连接方法都比提高金属强度更能够改善住宅的性能。

这种住宅性能改善的背景是在过去的地震灾害中，不断指出轴组工法的脆弱性，从而对耐震基准进行修改。

在来轴组工法与其他构造相比制约较少，也更容易得到宽大的开口。因此，有利于形成比较自由的设计，但若不能保持构造上的平衡，就容易形成住宅重心的偏移，对地震和风等外力所产生的应力容易集中于某一局部，因而需要特别注意。

另外，由于该工法是以柱和梁等线型材料构成的，因此需要考虑面上的气密性和隔热性等。但是，气密性的提高会产生当湿气进入住宅后难以排出的情况。

事实上，气流能从地板下面吹入的住宅寿命更加长久，也不容易产生室内空气污染等问题。因此，必须将气密性的提高所带来的缺点结合起来考虑。

木结构在来轴组工法的优点和缺点

● **优点**

- 容易形成较大的房间开口、制定开放的设计方案。
- 易于将来增建和改建。
- 与日本高湿度的气候风土相适应。

● **缺点**

- 为了不引起建筑重心的偏离，需要考虑构造上的平衡，相应地配置墙和斜柱等。
- 容易因为木匠熟练度的差异而产生差别。

▲ 仕口腰挂蚁继　　　　▲ 斜向交叉构件　　　　▲ 水平面的强度增补　火打梁

木材之间相互衔接的时候，同一方向的木材衔接部分称为"继手（接头）"，不同方向的木材衔接部分称为"仕口（榫头）"。

现在，作为木结构建筑主体使用的木材的接头和榫头的切割主要在工厂进行。

前川国男府邸（1942年，东京都东小金井市 "江户时代东京建筑庭园"）

该建筑于 1973 年进行了解体保存。之后于 1997 年起，在东京都东小金井市的 "江户时代东京建筑庭园" 中开始修复工程，并于同年对外开放。现在，我们能在江户时代东京建筑庭园中对其进行参观学习。

前川国男
建筑家，1905~1986 年
代表作：
　东京文化会馆
　纪伊国屋书店新宿店
　东京海上日动大厦主楼（东京海
　　上大厦）
　东京都美术馆

033 木结构大断面轴组工法（重质木骨构造）

POINT

材料上采用合成材料、衔接金属采用专用金属材料，从而提高耐震性，使大构架建筑成为可能

木结构大断面轴组工法（以下简称"木架构造"）是采用大型集成材料制成柱和梁并进行架构的工法，是将木结构大型建筑物的工法导入住宅的工艺手法。

在这种工法中使用的材料并不是单一的而是合成的，单一材料即便材料种类和直径相通，也会由于产地、生长环境等的不同而在材料的性能上产生差异，另外，干燥和湿润等情况的不同也会产生同种材料各自不同的强度偏差。也就是说，单一材料很难进行计算，因此，能够根据构造计算来确认性能的构造用集成材逐渐投入使用。

构造用集成材是指将木材上的节或裂缝等缺点除去，将其按照纤维方向互相平行层层交叠连接而成的、作为构造物受力部分使用的材料。这种材料具有材质均匀、不易弯曲开裂等特征。

之前的轴组工法需要对材料的接头和榫头进行加工，而木架结构的接合处则使用专门的金属，木材断面的破损较少，接合部能够更加牢固地衔接在一起。因此，不易产生变形，有利于形成耐震性能较高的构造。另外，还能够通过构造计算分析立体应力，从而确认建筑物的安全性。

架构上来说，可以形成准框架构造，几乎不需要墙壁来隔断，由此形成较大的空间，同时，柱子的数目也相对减少，从而提高房间布局的可变性自由度。这种架构使建筑物能够适应未来生活方式的改变而改变，因此具有很大的魅力。

因为木架结构有着明确的承重结构骨架（SI），在确保空间的开放性、提高房间布局的自由度以及提高柔韧性等方面蕴含着大量启发今后住宅建筑的内容。

重质木骨构造（SE工法）

重质木骨构造（Safety Engineering）是指由结构师播繁创造的工法。重质木骨构造是将"木结构大型建筑物"的技术引入到普通住宅的工艺手法，住宅的大部分形成由柱和梁支撑的框架结构。

重质木骨构造的引入，使一般无法在木结构住宅（在来轴组工法）中实现的空间设计，如透过墙体的大空间、不受墙壁制约而轻松改变房间隔断形式等，成为可能。同时，柱和梁使用构造用合成材料，部件间的衔接则采用专门的金属材料（SE金属）。

SE金物

照片：Riotadesign 关本龙太（関本竜太）

75

034

2×4工法（木结构枠组壁工法）

POINT

2×4工法是构造上非常杰出的工艺手法，但其构造上的特性一定程度上制约了设计

2×4工法是欧美普遍采用的一种工艺手法，它之所以被称为2×4工法是因为它的上框、竖框和下框等主要材料采用了2in×4in的规格产品来构成。

日本较早采用枠组壁式工法建造而成的建筑是由弗兰克·劳埃德·赖特设计的"自由学园明日馆"（日本最早采用2×4工法建造的建筑是1877年北海道大学的模范家畜房）。

由于这种工艺手法仅采用了规格化的材料和构造用合板，因此不需要加工接头、榫头等的技术力量。

另外，构造上通过直接使用钉子固定构造用合板的手法构成墙和地板，使墙面、地板和屋顶连成一体从而形成无骨架构造，利用六面体的建筑物整体来接受地震等的外力，得到分散力的效果。

这种构造在承载力上起主要作用的是地板的组合，侧面托梁主要作为法兰承担弯曲应力，面材主要作为网承担剪切应力，因此使该结构的水平刚性变得更高了。

如上所述，由于构成建筑构造的材料本身具有较高的刚性，因此，2×4工法也被认为是能够有效应对地震力的构造。而实际上，在过去的地震中确实没有大规模受灾的报告。

另外，由于构成材料为面材，因此有利于住宅气密性的确保和隔热性的保障。但从另一个侧面考虑，由于墙内容易滞留空气，因此容易产生墙体内的结露现象。

2×4工法在结构性能上较为优秀，但也正是这种结构性能，使它和轴组工法相比设计上的自由度更小，受到的制约也更多。

2×4制材料的断面尺寸

2×4制材料的尺寸是以"2in跳跃"为基准，形成从4~12in的偶数英寸（2in跳跃）。

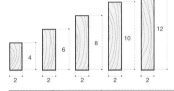

地板、墙板构成的六面体结构

2×4是由框架材料和胶合板构成6面体，它们形成像壳那样的一体构造，从而发挥对抗地震时的高强度。

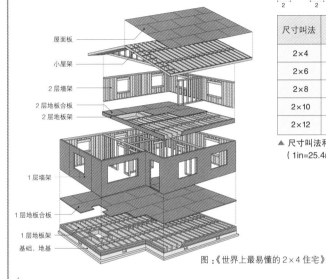

屋面板
小屋架
2层墙架
2层地板合板
2层地板架
1层墙架
1层地板合板
1层地板架
基础、地基

图：《世界上最易懂的2×4住宅》

尺寸叫法	JAS尺寸形式	实际尺寸（英寸）
2×4	204	1–1/2×3–1/2
2×6	206	1–1/2×5–1/2
2×8	208	1–1/2×7–1/2
2×10	210	1–1/2×9–1/2
2×12	212	1–1/2×11–1/2

▲ 尺寸叫法和实际尺寸的断面尺寸对照表
（1in=25.4mm换算）

自由学园　明日馆（1921年，东京都丰岛区）

弗兰克·劳埃德·赖特
建筑家，1867~1959年
代表作：
帝国饭店
山邑邸
落水庄
Johnson公司研究所
古根海姆美术馆

该建筑中央栋及西教室栋于1921年竣工。1997年被指定为国家的重要文化财产，1999年之后，在国家及东京都的补助下进行了保存和修缮，于2001年完工。之后，明日馆一直作为"动态保存"的模型边使用边保护其价值。
设计：弗兰克·劳埃德·赖特、远藤新
构造：枠组壁式工法（2×4工法）的先驱
用途：学校校舍

▲ 北海道大学　模范家畜房（1877年）
日本最古老的2×4工法建筑　　　照片：藤谷阳悦

035

钢筋混凝土结构、钢架钢筋混凝土结构、混凝土填充钢管结构

POINT

理解钢筋混凝土结构、钢架钢筋混凝土结构、混凝土填充钢管结构造各自所具有的特性。

钢筋混凝土结构（Reinforced Concrete）、钢架钢筋混凝土结构（Steel Framed Reinforced Concrete）和混凝土填充钢管结构（Concrete Filled Steel Tube）的分别简称为 RC 造、SRC 造、CFT 造。

钢筋混凝土结构

钢筋混凝土结构是一种将钢筋的柔韧性和较强的张力与混凝土较大的压缩强度相结合利用的构造。钢筋耐火性差且容易生锈，而在它的周围用混凝土填充则可以防止火灾或生锈等情况的发生。

构造形式上可以分为两大类别，分别是框架结构和壁式结构。框架（Rahmen）即"骨架"，由柱和梁一体化的框架所构成的就叫做框架结构。另外，没有柱子而仅用墙和地板构成的就叫做壁式结构。

钢筋混凝土结构是将具有流动性的混凝土注入到具有一定形状的模具中进行固定，因此具有能够形成各种形状的优势，因此，可以形成贝壳状的形态（shell 构造）。近年来，通过开发高强度的混凝土和高强度的钢筋等材料，40 层以上的建筑物也可以用钢筋混凝土框架结构来建造。

钢架钢筋混凝土结构

钢架钢筋混凝土结构是以钢骨构成柱和梁的结构，然后在其周围配置钢筋，再用混凝土浇筑形成的构造。这种构造兼具钢筋混凝土结构和钢骨结构的特征，它可以使柱和梁的断面形状变小，从而较多地使用于高层建筑物中，但近年来考虑到较高的建设成本而较少采用。

混凝土填充钢管结构

混凝土填充钢管结构在钢管的内部注入混凝土，用混凝土来弥补钢管在抗压能力上的不足，从而确保一定的柔韧性的一种构造形式。它是继钢结构、混凝土结构、钢骨钢筋混凝土结构之后广受关注的新的构造形式。

结构的特性评价

◉ 钢筋混凝土结构

构造：刚性较大，但剪切耐力和韧性较小。
防火：耐火性能优良。
缺点：自重较大，不适合高层建筑或大空间。

◉ 钢结构（→ 036）

构造：钢结构相对密度大、强度高，且与钢筋混凝土结构相比材料的断面较小，因此可以形成大跨距结构。
防火：需要添加防火层。
缺点：从构造的特性可知该构造易摇晃且易产生声响。

◉ 钢骨钢筋混凝土结构

构造：通过加入钢筋使柱和梁比钢筋混凝土更细。耐震性能优良，能够用于超高层或高层建筑中。
防火：以混凝土包裹钢筋，使其与钢结构相比拥有更优良的弯曲耐力和耐火性能。
缺点：施工程序复杂，工期较长，成本较高。

◉ 混凝土填充钢管结构

构造：钢管与混凝土相互约束产生的效果使得构造的轴压缩耐力、弯曲耐力、变形性能等得到提高。柱子断面紧密而充实，从而使构造的平面、立面设计的自由度得以提高。充分发挥钢管和混凝土的特性，使其与之前的构造相比，耐震性得到提高。
防火：由于柱子内部是以混凝土来填充的，因此可以减少防火层的厚度，在一定条件下还可以不添加防火层。
缺点：柱和梁连接处的内部构造变得复杂，因此提高了钢骨架的加工成本。

特性	钢筋混凝土	钢结构	钢架钢筋混凝土结构	混凝土填充钢管结构
空间的自由度	▲	◎	○	◎
地震、台风时的摇晃程度	◎	▲	◎	○
耐火性	◎	▲	◎	○
高层建筑的适用性	▲	◎	○	◎
耐久性	○	○	○	◎

注：◎ ：非常良好　○ ：良好　▲ ：普通

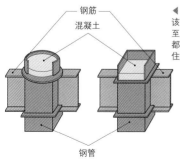

钢筋
混凝土
钢管

◀ 混凝土填充钢管结构的基本构造
该构造产生于旧建设厅自1985年至1989年历经5年计划实施的"新都市住房项目"，并由（社）新都市住房协会进行业务的普及和推广。

混凝土填充钢管结构
泉乐园塔（超高层办公大楼）▶
设计：日建设计

▲ 钢筋混凝土结构　医院＋个人住宅

▲ 钢结构　牙科医院

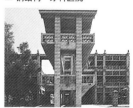

▲ 钢架钢筋混凝土结构　冲绳县名护市政厅
设计：象设计集团
占地面积：12201.1m²
总建筑面积：6149.1m²（三层建筑）

036

钢结构、铝结构

POINT

今后，期待着对铁、铝等材料所具有的潜力及新的架构形式等的发掘

钢结构

钢结构是钢骨架结构（Steel Structure）的简称，是指在主要结构位置使用钢材构架的构造。钢材与木材、混凝土等相比具有强度较高、纵向弹性模量（杨氏模量）较大、刚性较高等特性。构造上的优点在于钢材的单位重量相对较轻，因此可以提高梁的长度并减少立柱的数量。同时，由于在框架结构中不需要设计承重墙，因此房间布局的自由度得以提高。

如上所述，钢骨架结构易形成大空间，因此可以运用于超高层建筑中。东京国际会议中心玻璃楼给到访者留下深刻印象的便是由它合理的构造所形成的钢骨架造型。该造型是由船底形状如同龙骨的肋拱形状和内部配置的拱形压缩材及链状悬架以及将它们连接起来的环状材构成的。这些重量由两根大立柱承担。钢骨架结构使富有生机的空间变为可能。

钢结构的弱点是钢材不耐热。由于钢材在达到一定温度（550℃左右）以后强度会迅速下降，因此需要添加防火层。另外，钢材暴露在空气中容易被腐蚀而生锈，因此需要涂上防锈涂料、进行电镀处理或覆盖上混凝土等。

铝结构

铝一直作为建筑的饰面材料用于窗框、幕墙等地方，2002年建筑基准法修改后，铝被认可作为构造材料使用，从而拓宽了建筑新的可能性。

铝构造的特征包括了具有良好的耐蚀性，有利于提高建筑的寿命；构件精度非常高，有利于体系化和标准化；构件再利用容易，有利于形成窗及构造一体化的设计等方面。

铝合金构造

▲▲ 铝合金构造的建筑事例（2005 年，福岛县须贺川市）
设计监理：伊东丰雄建筑设计事务所
构造设计：O-ku 构造设计
设施概要：宿舍
总建筑面积：489.2m^2
一层建筑面积：489.2m^2
构造概要：铝制的曲面墙由两种不同的 R 型模具压制成型后构造而成。
曲面墙承担了垂直力和水平力。　　　　　　　　　　照片：Ayitu 摄

▼ 展现富有生机空间的钢骨架构造
　　东京国际会议中心玻璃大厅楼
设计监理：Rafael Viñoly
构造设计：构造设计集团　渡边邦夫
设施概要：大厅、会议室
建筑高度：59.8m

POINT

砖石结构是经历长年累月也不易风化的工法

由混凝土预制板堆筑的架构方式与砖一样被归类为砖石结构。

强化混凝土预制板构造

强化混凝土预制板构造是指使用工厂生产的空洞混凝土预制板，在空洞处配置钢筋并用灰浆或混凝土填充，一边增补强度一边堆积预制板从而筑成承重墙的构造。

空洞混凝土预制板产品根据不同的压缩强度分为 A 类、B 类和 C 类三种。根据选择材料类型的不同，允许建造的层数、屋檐高度等会受到相应的限制。

这种构造具有工期较短以及空洞部较多产生优良的隔热性等特征，但构造上的限制（耐震墙的长度、厚度、量、配置等）很多。

模板混凝土预制板构造

模板混凝土预制板构造主要包括两种类型。第一种是先将模板混凝土预制板组合起来，然后在中空处配置钢筋，并在所有空洞处统一注入混凝土构成承重墙，再通过墙梁、楼板、地基等钢筋混凝土构造的横架材确保一体性的构造；第二种是将模板混凝土预制板作为模板使用，而内部则用钢筋混凝土构造的框架或壁式钢筋混凝土构造的承重墙来形成的构造。

另外，为了保持混凝土预制板的风格，确保耐热性能，还有运用两层混凝土预制板（150mm 厚的承重墙预制板 +100mm 厚的挤压聚苯乙烯泡沫 +30mm 厚的通气层 +120mm 厚的外部预制板）的工艺手法。

尽管使用混凝土预制板会在构造上产生很多制约，使空间规划和设计的自由度受到限制，但它和砖材料一样，在历经岁月后会因风化产生的独特风味而拥有巨大的魅力。

强化混凝土预制板构造

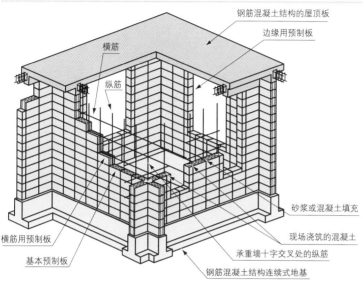

钢筋混凝土结构的屋顶板

边缘用预制板

横筋

纵筋

砂浆或混凝土填充

现场浇筑的混凝土

横筋用预制板

承重墙十字交叉处的纵筋

基本预制板

钢筋混凝土结构连续式地基

图:《世界で一番やさしい建築構造》

◀ 冈本太郎纪念馆(1954 年,东京都港区)
设计:坂仓准三
设施概要:工作室兼居住
构造概要:壁式混凝土预制板构造。预
　　　　　制板上凸透镜形状的屋顶是
　　　　　冈本太郎所要求的。

坂仓准三
建筑家,1904~1969 年
代表作:巴黎世博会日本馆
　　　　神奈川县立近代美术馆
　　　　东急文化会馆(现已不存在)
　　　　芦屋市民中心 Runa 大厅

建筑用混凝土预制板(空洞混凝土预制板)的种类

空洞混凝土预制板根据压缩强度的不同可以分为以下三种。
A 类:压缩强度 4N/mm² 以上、屋檐高 7.5m 以下、层数 2 层以下
B 类:压缩强度 6N/mm² 以上、屋檐高 11m 以下、层数 3 层以下
C 类:压缩强度 8N/mm² 以上、屋檐高 11m 以下、层数 3 层以下

038

预制装配式工法

POINT

预制装配式工法在具有能够缩短工期、提高品质精度等优点的同时，也由于是规格化构造而在增、改建等方面受到制约

预制装配式工法（Prefabrication Method）是指在工厂里预先生产、加工各种构件，然后在建筑现场进行组装的建筑工艺手法。根据构件材质的不同，分为木质系预制装配式工法、混凝土系预制装配式工法、钢骨架系预制装配式工法、铝系预制装配式工法等。

预制装配式工法的产生是为了寻求工期的缩短。在建设现场加工各种材料会存在由于工人技术和时间等原因产生较大差异的问题。在住宅领域，1959 年，大和住宅工业开始出售不需要建筑确认申请的 10m² 以下的称为"微型住宅"的轻量钢骨架混凝土预制板住宅商品。1960 年，积水住宅开始出售称为"积水住宅 A 型"的混凝土预制板住宅商品。之后，MISAWA HOMES 也开始出售采用木质板接合手法的木质系混凝土预制板住宅。1971 年，积水化学工业公司开始出售采用能提高工厂加工效率的单元（组合）工法制造的"积水 HAIMU（住宅）"。

预制装配式工法需要设置用于加工的工厂，因此是需要考虑销售规模的工艺手法。目前，日本以预制装配式工法建造的住宅数为全世界第一。

近年来，在来木结构轴组工法中也开始广泛利用构造材的预切割手法，预制装配式工法的影响开始扩展到其他领域。

预制装配式工法具有能够缩短工期、保证施工品质均一化等优点，但同时也存在受到设计方案、搬入现场条件的制约，对标准化以外的设计、节点、规格等价格较贵，以及增改建时对规格化之外的构造难以随机应变等缺点。

预制装配式住宅

◀ 大和住宅工业 微型住宅（制作：1959 年）

1959 年，大和住宅工业利用板工艺手法发售了被认为是工业化住宅原点的"微型住宅"。微型住宅作为离开主建筑的独立建筑物，将总建筑面积控制在 10m² 以下，因此不需要进行确认申请。当时，"微型住宅"作为用时 3h 花费仅 11 万日元就能建成的家赢得了人气。

之后，微型住宅逐渐被赋予各种各样的职能，逐渐向"超微型住宅"、"大和住宅 A 型"等真正的预制装配式住宅转移。

照片：大和住宅工业

◀ 积水住宅 积水 HAIMU M1 型（制作：1971 年）

M1 型是积水住宅的最初模型。由建筑师大野胜彦负责基本设计和体系开发。该模型将工程和材料调运集中在工厂中进行，以降低成本、确保性能和品质、不提供明确的空间目的性以及构筑单纯的体系（仅以 1 个单元进行组合的工艺手法）为目的开发而成。

M1 型将结合使用者的喜好的装饰性完全排除在外，从原理上表现体系和形态。它是从日本 DOCOMOMO 100 中挑选出来的。

钢骨架单元工法（1.7坪的书库）制作

该建筑是作为离开主建筑独立建筑物建造的约 1.7 坪的书库空间。

构造：钢结构

由于建筑规模很小，因此为了提高加工精度并缩短工期而采用了预制装配式工法建造。为了使构成建筑主体的钢骨架单元能够通过卡车运输，因此将建筑主体分割成上下两部分，在工厂内制作包括书架的内部装饰，搬入现场后进行组装。

规模：宽度 3.3m × 高度 3.3m × 深度 1.75m

用途：书库

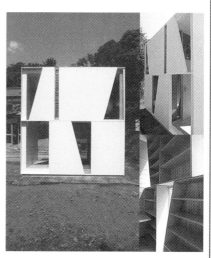

钢骨架单元的制作 ▶
在钢筋加工厂内制作组装钢骨架。

木质书架的制作 ▶
在木材加工厂内制作内部书架。

现场组合 ▶
搬入现场，并将钢骨架单元和书架组合起来。

039

混合构造和木质构造的未来

POINT

混合构造可能创造出单一结构所不具备的性能及魅力

混合构造

混合构造是指在一个建筑中，它的主要构造由不同种类的构造组合而成的构造。选择混合构造主要的理由包括以下几项：

① 为了确保建筑的耐震性能，在木结构或钢筋混凝土构造等现存的建筑上用钢骨架增补强度。

② 建筑一层使用钢筋混凝土壁式结构，二层使用木结构，从而组合各自的优点，达到降低成本、发挥木材及混凝土的优点。

③ 墙体结构使用钢筋混凝土等有厚重感的材料，屋顶使用看上去轻快的木材来构成等设计上的理由。

④ 当三层住宅的一层部分作为车库使用时，为了使开口宽度较大而选择钢骨架结构，二、三层采用木结构等，由于存在用途上的原因而产生混合构造。

但是，这里必须注意的是，将性质不同的材料组合在一起的时候，不同材料承受风、地震等外力时会产生不同程度的晃动，因此，不同材料构造的结合处承受着十分复杂的外力作用。因此，在设计和施工中必须认真注意。

木质构造的未来

2000年建筑基准法修改后，规定只要满足防火性能，则木结构也可以建造高层住宅，从而拓宽了木材的使用范围。在木材中碳元素储藏量占木材重量的50%左右。考虑到低碳社会及可持续性社会的实现，积极利用木材是十分有效的，因此需要谋求促进木材的积极利用。以木材和钢铁的连接金属形成的木质混合物构件的开发就是一个很好的例子。通过这种构件的使用，实际开始建造作为木质复合建筑物的办公楼、集合住宅等中层及高层住宅。

钢筋混凝土结构和木结构的混合构造（三宅箱，1974年）

"三宅箱"的一层是以钢筋混凝土壁式结构、二层是以木结构结构构成的。
它不仅具有木结构和混凝土构造的优点，还可以发挥素材本身的韵味。

设计：宫胁檀
构造：一层钢筋混凝土结构、二层木结构
层数：地上2层

照片：山崎健一

钢筋混凝土构造、钢骨架构造、高张力钢悬架构造

▲ 国立屋内综合竞技场、代代木体育馆（1964年，东京都新宿区）
通过利用混凝土所具有的造型上的自由度和钢骨架形成的大空间，发挥各自的构造特性，建造了代代木体育馆。以钢承受张力、混凝土承受压力，将它们组合起来形成抗张抗压的结构。将该结构作为一种概念来考虑组合方法。

设计：丹下健三 城市建筑设计研究所
构造设计：坪井喜胜研究室
构造：钢筋混凝土和钢骨架的高张力钢悬架的混合构造
占地面积：34204m²
总建筑面积：910000m²
层数：地上2层、地下2层
建筑高度：40.37m（主楼）、42.29m（副楼）

丹下健三
建筑家，1913~2005年
代表作：
　广岛和平资料馆
　旧东京都厅舍
　香川县厅舍
　东京总教堂圣玛利亚大教堂
　驻日科威特大使馆
　草月会馆
　Grand Prince 酒店赤坂新店
　新东京都厅舍
　富士电视台总部大楼

拓宽了的木质建筑可能性"木材会馆"

木材会馆是为纪念东京木材批发协会100周年而建造的。
该建筑地板使用了20mm的木质地板，同时，可移动的房间隔板、墙面、顶棚、屋外阳台的地板、墙面、顶棚等共采用了1000m²以上的国产木材作为内外饰面材料。
最上层大厅的梁在确保梁下高度5.4m的情况下，就可以通过耐火验证法，从而使木材不需要经过不燃化处理就能作为构造材料使用。认真解读木材的性质，从而形成舒适的工作空间。

所在地：东京都江东区木场1丁目18
设计：日建设计
构造：钢骨架钢筋混凝土结构　部分为钢骨架结构
　　　　部分为木结构

占地面积：1652.90m²　总建筑面积：1011.26m²
层数：地上7层　地下1层　高35.73m
使用木材：桧木、杉木、水曲柳、橡木、栎木、橡胶、
　　　　　枫木、胡桃木、山樱

040

预制、预应力混凝土工法

POINT

预制（工厂生产的构件）和预应力（在工厂或建设现场浇筑的、使用预制钢材的高强度构件）工法

预制混凝土工法

预制混凝土（Precast Concrete）工法是指将在工厂制作成型的混凝土构件搬运到现场进行组装的工艺手法。

通常，在建设现场制作混凝土构件不可避免地会受到季节、气候以及工匠手艺的影响，而工厂生产则更容易进行品质管理，因此能够制成高品质、高强度的混凝土构件。另外，工厂生产还可以大幅度缩减现场搭建模板支架、配置钢筋、浇筑混凝土以及保养等过程所需的时间。同时，因为构件都是成品，因此有助于减少搬运那些为制作形状所设置的材料的工作量。但是，在使用构件的数量较少的情况下，作为工厂产品所产生的管理费用就会相对提高并导致成本的提高。

日本的预制工法是为了应对战后高度成长期的大规模住宅区建设的需求，由日本住宅工团（现 UR 都市机构）组织开发壁式预制钢筋混凝土构造而逐渐发展起来的。目前广泛应用于超高层住宅和高层建筑物中。

预应力混凝土工法

预应力混凝土（Prestressed Concrete）工法是指在混凝土中通过加入钢材来提高强度的做法，具体来说，是将 PC 钢材两头进行拉伸，从而增加构件的压缩力，达到强化构件的作用。预应力工法分为先张法和后张法两种。先张法是指在混凝土凝固前就拉伸钢筋的手法，一般多在工厂内生产。后张法是指在混凝土凝固后再拉伸钢筋的手法，一般多在现场制作。

两种方法都可以形成很好的强度，从而使柱间的跨距得以延长，因此，它是一种能够适应大空间构架的工艺手法。

埼玉县立大学的预制工法

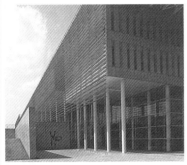

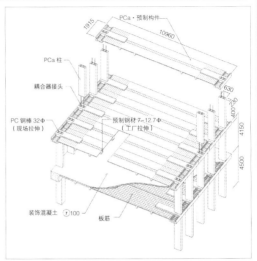

▲ 预制混凝土构件构成图
图：构造计划 plus one

该建筑立柱的尺寸较小，且为了形成具有韵律的空间，建筑跨距被分为四等分。因此为了应对构件数量的增加，建筑采用了预制工法（PC 工法）。另外，为了全面展示预制工法所拥有的均质美感，在技术上提出了较高的精度要求。建筑不仅采用了不经修饰的混凝土色泽（为了使混凝土的颜色统一，需要在骨材的选择和调和上特别考虑），立柱的角也保持直角而不刻意修圆角（通常为了防止脱模时柱角的破损而将角修圆），并且还尽可能地缩小了接合处的间隔空间。

设计：山本理显设计工厂
构造设计：织本匠构造设计研究所、构造计划 plus one
一层建筑面积：34030.77m²
总建筑面积：54080.11m²
竣工时间：1999 年

▼ 大学楼媒体长廊　　　　　　立柱构造断面 600mm×200mm

89

041

耐震工法、免震工法、制振工法

POINT

应对地震等地基晃动的方法包括有耐震工法、免震工法、制振工法等

日本列岛的地下是太平洋板块、北美板块、菲律宾海板块、欧亚大陆板块等多个板块冲突的地方，因此时常形成地震能量。在日本，由于地震导致的建筑物倒塌的悲剧反复发生，地震的构造逐渐被认识，并反映于建筑的构造设计中。

在结构设计上为应对地震力所考虑的包括抗震、免震和制震等。

抗震是指以建筑自身的构造体来应对地震力的构造。这种思考方式是从关东大地震发展起来的。作为工艺手法，主要通过平衡配置承重墙，形成不易倒塌的建筑构造。一般来说，根据建筑基准法，建筑物的构造设计需要分一次设计和二次设计。一次设计是指在中等规模（80~100gal）地震中，确保建筑物的使用不受影响；二次设计是指在大规模（300~400gal）地震来袭的时候，重点确保人们的生命安全，使建筑物形成即使受损也不会坍塌或倾倒的构造。

免震是指为使地基的晃动不直接传递到建筑整体，而在建筑的基础或中间层设置免震装置，使地震动通过免震层得到衰减的工艺手法。

制震是指应用建筑内部结构来抑制地震力导致的建筑震动的构造。制震有主动的（active）和被动的（passive）两种。主动制震是指使用计算机对建筑产生的晃动进行分析，并强行控制震动的方式。被动制振是指为了不受到外部能量的影响，使用石油减震器及黏弹性物质等来吸收并衰减地震能量的方式（免震材料、制振材料 → 109）。

现存建筑的耐震更新（日本大学理工学部骏河台校舍5号馆整修、东京都千代田区）

一层建筑面积：629.45m²
总建筑面积：5785.79m²
层数：地上9层、地下1层
构造：地基　板式基础
骨架结构　钢骨钢筋混凝土构造（三层柱头处设置有免震装置的中间层免震构造）
楼板　钢筋混凝土构造、部分预制板
耐震墙　钢筋混凝土构造
竣工时间：1959年
耐震整修：2008年
整修时监理：5号馆整修研讨委员会（今村、石丸、井上、早川、石桥、白井、高宫）
设计：清水建设一级建筑师事务所

▲ 3层免震装置和衰减陀螺的节点详细图

▲ 衰减陀螺的构造

中间免震构造的结构

此次整修在三层处采用了利用动态质量的中间层免震，一二层处则采用了挂锁桩制震的混合工艺手法。动态质量采用衰减陀螺这一机械装置，这一装置可以将普通的免震构造物产生的30cm左右变形抑制到15cm左右。另外，为了更高效地吸收地震能量，在1~2层设计并设置了两台挂锁桩减震器。

综上所述，通过多样化地组合三层的免震及一二层的耐震、制震，使此次整修在不损坏现存设计的基础上进行耐震更新。

▼ 挂锁桩制震装置

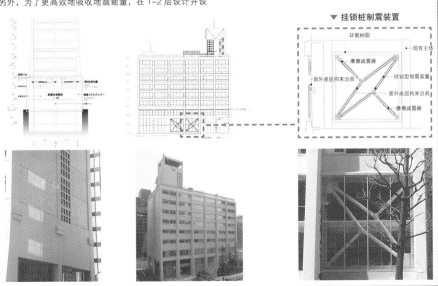

042

屋顶和墙面绿化工法

POINT

绿化不仅是美观上的问题，它还在节能效果和抑制建筑自身劣化效果等方面被寄予期待

近年来，由于各处的路面都进行着沥青铺设，加上办公楼、住宅等的排热以及小汽车的尾气排放等各种人工废热的产生，引起了城市中的热岛现象。这种热岛现象被认为是生成光化学氧化剂和引起局部地区集中性暴雨的原因之一。

东京都在推进热岛效应对策的全部地区制定了至2016年的东京都环境基本计划，内容包括废热的抑制和热回收的促进、市区绿地和水坏境的修复、通风走廊的设计等。

建筑方面的绿化对策包括推进屋顶和墙面的绿化。

屋顶绿化预期会产生通过植物水分蒸发降低温度、提高隔热和隔声效果、吸收和附着大气污染物质、提升景观等效果。

只是，采用屋顶绿化的时候需要配置培育植物用的土壤，因此，根据植物种类的选择可能产生必须计算非常大的重量的情况。此时，必须充分考虑建筑结构上的承载能力。

墙面绿化不仅可以阻挡日照，还可以通过植物的蒸腾作用获得抑制墙面温度上升的效果。墙面绿化的手法包括使植物从地面垂直攀爬的绿化手法和在屋顶或墙面上方设置花盆使植物从上垂下的绿化手法。由于下垂型手法需要在建筑上方覆土，因此容易变干，需要在设计中考虑定期浇水等养护的可行性。

建筑的绿化不仅有节约能源的效果，还包括了通过避免建筑物表面直接日晒而抑制由蓄热产生的膨胀和收缩，以及通过减少紫外线的直射而抑制玻璃材料的劣化等效果。

墙面绿化

墙面绿化包括从上垂下的下垂型、在墙面上安装花盆或箱子等进行绿化的侧面植栽型以及自下往上攀的攀登型三种类型。

绿化时需要考虑适应不同类型的植物种类、水量等的维护。

▲ 以苔类墙面绿化为例
考虑到苔类枯萎后的更替维护，以板的形式来粘贴。

◀ 下垂型
植物种类：藤蔓类植物
特征：不需要任何辅助材料使藤蔓类植物下垂。需要定期浇水。

◀ 侧面植栽型（花盆型）（以新丸之内公寓大楼北侧面向街道停车场的约 20m 高的墙面绿化为例）
植物种类：景天属、苔类、白背爬藤榕等。
特征：在墙面上安装花盆或箱子等来进行绿化的方法。需要定期浇水。

◀ 攀登型
植物种类：通草、紫藤、莴萝、常春藤属、白背爬藤榕、卡罗来那草、茉莉花等。
特征：为使植物根能够伸展，需要开放墙面上部。根据植物种类的不同，需要使用网或钢丝等辅助材料。

屋顶绿化

在进行屋顶绿化的时候，根据植物种类的不同需要适量覆土，因此需要计算这部分的承载重量。另外，屋顶没有倾斜的话，需要使用保水性较高的土壤并进行适量浇水。

在屋顶有倾斜的情况下，需要采用利于水分蒸发的系统并考虑设置便于定期浇水的装置。

▲ 目黑天空庭园
首都高速公路大桥立枢纽顶上设置的环形庭园。它是目黑区从首都高速公路获得专用使用许可后，基于都市公园法建设的立体城市公园。在平均倾斜度 6% 的环状内种植草坪、花和树木等，并设置了展望台连廊等设施。同时，为了保障轮椅的移动，将环形小路设计成蛇形从而减缓道路的坡度。
所在地：东京都目黑区大桥 1 丁目 9-2
面积：约 7000m²
长 400m、宽 16~24m，高低差 24m
高木、中木约 1000 棵，低木、地衣类约 30000 株

043 减筑工法

POINT

为了实现低碳高龄社会，减少建筑面积是较为有效的方法

在反复提及并强调资源的有限性和实现低碳社会的现今，至今为止的那种轻易的拆掉重建的建设手法变得难以继续。

在日本，从 2005 年起人口转向减少。根据国立社会保障和人口问题研究所的报告《日本家庭数量的预计（2003 年 10 月）》中可以看到，父母带小孩的或三代同堂及其他的家庭数不断减少，而独居家庭及夫妇二人的家庭数量逐渐增加，尽管人口在减少，但家庭数量到 2015 年仍被认为会不断增加。也可以说，家庭数量的增加即能源消费量的增加。

一旦父母带小孩的家庭中小孩长大独立生活后，现有的建筑中必需的建筑面积就会减少，形成了多余的空间。由于存在这些多余的空间，建筑整体实际消耗的能源就会比必需的能源要多。

针对这类建筑的再生，有一种叫做"减筑"的手法。减筑正如其字面上的意思，即指减少建筑空间的整修行为，通过建筑空间的减少达到提高现有空间的有效性（提高耐震性、改善温热环境等）的目的。减筑的手法普遍应用于公共建筑、学校、独户住宅、集合住宅、办公大楼、商业建筑等各种类型的建筑中。

在 1960 年代建成的大规模卫星城市东京都东久留米市的云雀丘居住区，伴随着居住者的高龄化城市也不断老化，空置住宅数量逐渐增多。一旦空置住宅增加，该地区就容易变成犯罪的温床，也容易导致老年人孤独死等情况的发生。为了对这一卫星城市进行再生，进行了通过削减住户来减筑等再生实证实验。减筑将成为实现低碳高龄社会的有效手段。

为减少建筑面积而进行翻修

3层现存部分的减筑

▲ 翻修前（3层建筑）

▲ 第三层外墙等的拆除

▲ 3层建筑减少到2层建筑（框架状态）

照片中的事例是竣工25年后为减少建筑面积而进行翻修的出租房。翻修将现有3层建筑的第三层钢骨架结构部分拆除，从而改建成2层建筑，同时对屋顶和外墙进行了更换。

用途：出租房
规模：地上2层
构造：钢骨架构造、通过减筑而翻修
占地面积：358.82m²
一层建筑面积：138.89m²
总建筑面积：251.08m²

▲ 翻修后（变为2层建筑。新添外墙、膜等实现建筑的重生）

卫星城市通过减筑来尝试城市的重生〔东京都东久留米市、云雀丘居住区〕

在东京都东久留米市的云雀丘居住区内，由于老朽化推进而造成住户数量减少的住宅存量再生实证试验正由UR都市机构着手开始实施。

● 云雀丘居住区概要

云雀丘居住区是1959年由日本住宅公社（现UR都市机构）在中岛航空金属田无制造所的所在地建造起来的大型居住区，居住区内拥有棒球场、网球场、市府办公室、绿地公园、学校、超级市场等设施，该居住区的街道组织形式还成为之后居住区街道组织的模型。
住宅楼构成：中居公寓楼92幢、两层楼公寓83幢、塔式住宅楼4幢、店铺楼1幢

● 云雀丘居住区住宅存量再生实证试验

灵活运用预定将要解体的3幢公寓楼，然后分别给每一幢楼设定有关再生方法的主题，并进行再生实证试验。
A栋：设置电梯，实现无障碍化。
拆除楼梯间，设置电梯，缩小住户内的梁宽，适合高龄人群居住的住宅、墙面绿化、可再生材料的使用。
B栋：不设置电梯，提升建筑魅力。
通过整修成别墅住宅或拆除最上层部分而形成两层楼公寓等形式来创造上层住宅的魅力。管理设备等的集约化、外设化。
C栋：通过减筑或整修入口等方式来更新建筑形象。
最上层4户的拆除。提高接地性。阳台的扩张。新建楼板及高层高的（1.5层）住宅。

▲ 2户一体住宅

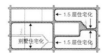

▲ 住户立体式整修

▲ 单间公寓化整修

住户整修：应对不同的生活方式（两户一体化、三户一体化、单间化、小别墅化、其他、规格型住宅整修等）

图：UR都市机构　都市住宅技术研究所

建筑再生学的进展

再生的目的包括了以下很多种。

用途的再生：通过改变用途来更新建筑。

构造的再生：以确保耐震性能为目的的整修。

设计的再生：通过更新建筑物的正面来进行整修。

古建筑的再生：从文化和街道复苏等观点进行的街道保护。

通过减筑的空间的再生：通过减少剩余的空间，使建筑内部热环境得到改善，同时有助于建筑耐震性和居住性的提升。

上述几种再生的共通点是使建筑能够长期使用并有效活用资源和能源。再生使建筑从废弃再建设的时代向存量时代变化。

通过建筑再生，不仅提高了建筑资产的价值和构造的安全性，还通过改善设备性能，实现了环境负荷和能源消费的减少，从各方面改善了环境。

尽管如此，在目前的学校教学中，建筑的生产仍然是教育的主体，对于建筑再生的意识仍然很薄弱。为了进一步推广建筑再生，提出了需要设立以建筑再生为主要目标的构造、设备、环境、设计、规划等学科领域（建筑再生学）。

▲ 古民居的再生

拆除顶棚，使房屋内部重新呈现出来。同时，特意将梁架展现出来，作为民居新的魅力，重新展现出民居强有力的构造感和开放感。

建于 1893 年（明治 26 年）的筑波市古建筑旧丰岛家住宅于 2005 年被移到 2005 筑波风采节会场并进行了再生。之后，伴随着葛城地区公园的修建，2007 年该建筑被移到公园内。

移建监理：安藤邦广

名称：葛木地区公园古民居"筑波风采馆"

古民居的再生（茨城县樱川市）▶

这是将大正时期建造的酿酒业的石库（大谷石砌）改装成店铺。从右下图（从下方看向顶棚方向的墙面）中可以看出内墙的大谷石壁面的强度补充材料被按照原样作为室内装饰展示出来。

第 4 章　什么是法规

044

建筑法规

POINT

建筑基准法是指规定了"最低基准"的技术法令

法律的存在是为了维护社会的秩序，社会环境等很多要素存在差异的人们互相之间总会有着利害冲突，因此需要有一定程度的客观制约。在建筑方面，由于建筑跨越了人类社会众多的构成要素，因此需要有针对细部的详细的基准。关于该基准最主要的法律就是《建筑基准法》。

建筑基准法的前身是1919年制定并于第二年实施的《市街地建筑物法》。该法律与同时设立的《都市计划法》一起，是以住宅密集的城市为对象，作为城市防灾对策而被制定下来。之后，在第二次世界大战后的1950年，建筑基准法制定并实施，之后根据不同时期社会形势及现状不断修改，沿用至今。

建筑基准法的目的是将有利于"国民生命、健康、财产的保护"和"公共福利的提高"的内容放在心上，并

是建筑方面"不能不遵守的最低限度"基准。

设置最低基准的理由之一是针对想要自由建造建筑的个人权利与通过政府权利进行强制限制的矛盾中，日本宪法第三章第十三条指出了"以关于尊重个人、追求幸福权以及公共福利方面的规定为基础，只能规定最小限度的标准。"

另外，虽然建筑基准法仅规定了最低基准，但只要能够遵守构造和防灾等方面的技术性标准，就可以保障生命和财产等的安全；也有理由说，为了通过有针对性地组合考虑了地方特色的各种条例和建筑协定等，因而特意制定了最低限制。

然而现在，建筑基准法已经逐渐涉及非常细部的规定，因此无法再说是最低的基准。

建筑基准法的使用范围

建筑基准法是以建筑物以及建筑物的用地、构造、设备、用途等作为规定对象（法1条《目的》）。
一般的建筑全部包含在适用范围内，但文化财法中的国宝及重要文化财等，以及铁路的跨线桥及保安设施等则没有包含在使用范围之内（法2条1《建筑物》,法3条《适用除外》）。

建筑基准法的体系

以建筑基准法（法律）为基准,以建筑基准法施行令（政令）规定更为详细的基准,并以建筑基准法施行规则（省令）来规定上述基准的运用和行政事务等内容。
另外，为了弹性地应对地域风土和历史等方面产生的差异，规定了都道府县层面的条例。

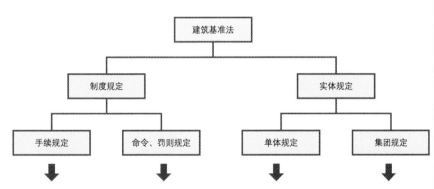

规定了审查计划内容及检查工事等义务。
确认申请
完了检查
形式适合认定
建筑协定
指定资格检察机关
建筑基准适合判定资格者
建筑审查会

纠正违法、规定实施对违法者的惩役和罚金。
特定行政厅（都道府县知事和市町村长等）发布处置违法的命令，同时针对不履行的情况，可以通过行政代执行来强制执行。

确保建筑物的安全性的规定（全国通用）。
有关建筑的用地、一般构造、构造强度、防火、避难、设备、建筑材料的品质等的规定，并规定了单个建筑物的最低标准。

确保城市功能的规定（主要适用于都市计划区域）。
道路、用途、面积、高度、防火地域等城市土地利用的调整及环境保护方面的规定。

045

建筑基准法的变迁

POINT

建筑基准法伴随着社会形势的变化时常进行修改直到现在

建筑基准法是由两大部分的规定构成的。一部分是规定必须对具体的建筑进行限制，亦被称为"实体规定"，另一部分是为了确保实体规定的实效性而制定的"制度规定"。

实体规定还可以进一步细分为确保建筑物安全性的"单体规定"以及确保城市机能的"集团规定"。"制度规定"则主要规定了相关用语的定义及程序等方面内容（→ 044）。

建筑基准法制定于1950年，之后伴随着社会形势的变化，不断进行适应各时代特征的修改并延续至今。

仅从木结构的构造设计基准的变迁上就可以看出，在经历了地震等灾害之后，基础的构造、必要壁量、部件之间衔接用金属等方面的规定都得到了强化。

在2002年进行的第十次修改中，以泡沫经济崩盘后持续低迷的日本经济为背景，为了应对社会形势的变化，寻求城市功能的提升和城市居住环境的改善，以城市的活力再生为视角，制定了《都市再生特别措置法》。同时还新增加了应对室内空气污染症候群的相关规制。

近年来，由于在2005年发现了伪造建筑构造中的构造计算书的问题，于第二年修改了建筑基准法。其中，建筑师制度本身也进行了修改，规定了更为严格的构造基准、专家对构造计算的审查（同行审查）、三层以上的公寓必须进行中间检查以及对受到处分的建筑师及建筑事务所进行公开通报等内容。

然而，由于上述严格的法律修改，导致了审查的时间的大幅度增加以及现场的混乱现象等的发生。

受到这种状况的影响，再次进行了包含改善建筑确认手续的运用等方面的法律修改，并于2010年开始施行。

建筑基准法的变迁（主要修改的项目）

年份	
1920 年	➡ 制定了建筑基准法的前身《市街地建筑物法》。 规定了不同的用地类型和建筑高度等。 1923 年发生关东大地震的第二年进行了修改。
1950 年	➡ 市街地建筑物法改为建筑基准法，导入了木结构建筑施工中必要的斜柱等量的确定方法"壁量计算"。 1959 年进行了包括壁量计算在内的修改。
1981 年	➡ 这一年主要进行了耐震基准上的大幅度修改。 1981 年以前称为"旧耐震"、之后则改称为"新耐震（新耐震标准）"用于区别。
2000 年	➡ 施行了推进住宅品质保证的相关法律，规定承担住宅瑕疵的保证期限为十年，还规定了住宅性能的表示。
2002 年	➡ 应对社会形势变化寻求能够提升城市功能和居住环境的措施，制定了都市再生特别措置法。
2003 年	➡ 规定了有关防止室内空气污染等住环境污染的法律，规定了使用建材的限制和 24h 换气的原则。
2006 年	➡ 由于 2005 年（平成 17 年）发生的伪造构造计算书的问题修改了建筑师法（改正建筑师法），创设并公布了构造设计一级建筑师、设备设计一级建筑师等新的制度。
2007 年	➡ 6 月 20 日实施的改正建筑师法的内容。 确定了更严格的建筑确认和检查、更合理地制定确认检察机关的义务、更合理的建筑师业务及罚则的强化、住宅卖主更好地履行瑕疵担保责任及信息公开等新的义务。
2008 年	➡ 11 月 28 日实施的改正建筑师法的内容。 确定了说明设计及工事监理契约时的重要事项、限制再委托、参加定期培训、强化管理建筑师的要件等新的义务。

规定必须进行耐震调查的动向（耐震改修促进法 → 050）

使耐震调查成为义务的耐震改修促进法的修正案已于 2013 年 3 月向国会提出。
规定必须调查的对象包括 1981 年之前在旧耐震标准下建造的任何人可以进出的医院、百货商店和灾害来临时作为避难场所的学校等总建筑面积大于 5000m² 的特定建筑以及各地方自治体在耐震修改促进计划中确定的紧急输送道路远藤建筑物、防灾点设施等。
修正案出台后，上述建筑必须在 2015 年年末前接受抗震检查。检查费用、改建费有资助金。各个自治体必须受理业主的检查报告并公布。若有不执行者，则须行政命令强制执行。

造构计算书的伪造问题

造构计算书的伪造问题是指 2005 年 11 月 17 日，国土交通省公布了发现千叶县的建筑设计事务所的原一级建筑师伪造建筑应对地震等方面的安全性计算一事，从而引发的一连串事件及社会的混乱。
社会上实际存在着未满足建筑基准法中规定的耐震标准而建设的公寓及旅馆等事实，形成了很大的社会问题。之后，以该事件为契机进行了建筑法的修改。

046 单体规定和集团规定

POINT

单体规定、集团规定都是以建筑安全性的确保、城市居住的便利度以及城市安全的维持为目的的

单体规定

单体规定是以确保建筑物自身的安全性为目的的，且该规定可以分为7个分项。

① 建筑物用地的卫生及安全性。

② 构造耐力上的安全性。

③ 基于建筑物用途及规模等使用上的安全性。

④ 防火性、耐火性。

⑤ 耐久性、耐候性。

⑥ 针对建筑材料的规定。

⑦ 针对特殊建筑物避难及消防等方面的技术基准。

尽管单体规定是全国统一的规范，但也可以根据各地方的情况，通过市町村的条例适当放宽，或者增加地方自治体的限制。

集团规定

集团规定是为防止无序的开发、确保居民生活的便利度和安全性等而设定的规范，可以分为以下几个分项。

① 用途地域性的规定 = 为了保护良好的居住环境而规定了限制不同地域的建筑用途。

② 形态地域性的规定 = 规定了不同建筑用途地域建筑物的容积率、建筑密度、建筑限高、斜线限制、日照限制等。

③ 道路有关的规定 = 规定了建筑物和前面道路之间的关系。

④ 防火地域性的规定 = 规定了各地域建筑物的防火性能。

⑤ 地区计划的规定 = 以特定地域为对象的有关土地利用的详细计划。

上述这些规定是以战后经济、产业的发展即成长经济社会为基础框架形成的。而现在，人口、环境、文化等多元化的问题正重叠在一起。因此，为了寻找城市的理想状态，需要新的框架。

102

单体规定和集团规定

建筑基准法中的集团，是与"单体"相对应的"集团"，是将建筑物作为集体来考虑，指决定建筑物之间为保证作为一个整体的秩序而存在的相互关系（建筑基准第3章、第4章中有具体的规定）。

集团规定加入了建筑物的用途、形态、与道路连接等有关方面的限制，是为了确保建筑物以集团形式存在的城市的功能及合适的市街地环境而产生的规定，除了建筑

基准法第68条第9点规定的关于都市计划区域外建筑物的限制，适用于整个都市计划范围。

单体规定是指确定有关单个建筑物的安全、卫生、防火等方面的基准，根据建筑基准第2章及相关政令、条例制定而成。

相对于集团规定仅适用于城市计划区域内的建筑物，单体规定则一般适用于所有建筑物。

关于集团规定的用地类型

用地类型的规定旨在保护城市良好的环境，限制各种用途和规模的建筑无秩序地建设。

用地类型的规定不是在建筑基准法而是在都市计划法中

的地域地区中。

用地类型的种类主要可以分为以下三大类。

| 1 居住类的用地类型 | ➡ 主要指为了保护居住环境而规定的地域。 |

| 2 商业类的用地类型 | ➡ 主要指为了增进商业及其他业务的便利性而规定的地域。 |

| 3 工业类的用地类型 | ➡ 主要指为了增进工业的便利性而规定的地域。 |

● 用地类型

都市计划法中规定了以下项目，有关实际的更加详细的规定则由建筑基准法规定。

居住类	➡ 低层居住专用地域	第一类低层居住专用地域
		第二类低层居住专用地域
	➡ 中高层居住专用地域	第一类中高层居住专用地域
		第二类中高层居住专用地域
	➡ 居住地域	第一类居住地域
		第二类居住地域
		准居住地域

| 商业类 | ➡ 近邻商业地域 |
| | 商业地域 |

工业类	➡ 准工业地域
	工业地域
	工业专用地域

建筑确认申请

POINT

当遇到影响法令适用性变化的情况时，需要进行计划变更确认申请

建筑确认申请是指在施工开始之前，为了确定建筑设计的内容是否符合建筑基准法的相关法令，建设方需要向政府（建筑主事）或民间的检查机关（指定确认审查机关）提出并需要进行确认的申请。

另外，对于消防法中规定的防火对象，必须在确认前征求消防长的同意，并向地区的负责部门提交申请书。原则上申请需要建设方提出，但一般情况则是设计者在接受建设方委托之后，作为代理申请者进行申请。

在建筑主事的情况下，确认申请的审查时间根据规模、用地、构造的差异，一般需要 7 到 21 天。另外，针对判定构造计算适合性所需的物件，最长审查时间需要 70 天。只要判定合适就能够得到确认济证。

在取得确认济证后，就可以开始施工，但施工过程中还需要申请并接受中间检查，且必须取得中间检查合格证。

而建筑施工完成后的四日之内则必须申请完了检查，并取得检查济证。

设计变更确认申请

遇到想要变更（达到影响法令适用性的程度）已完成确认的建筑物的计划的时候，建设者必须进行设计变更确认的申请。

实体违反

在上述检查中有不符合要求的情况下，通常需要对施工进行修改，在确定修改符合规定后便可以取得检查济证。

手续违反

在需要进行设计变更确认申请的情况下却没有申请而继续施工，该施工就被认为是在手续上违反了规定。在违反手续的情况下即使申请完了检查也有无法取得检查济证的情况。

需要进行确认申请的建筑物（法6号）

适用区域	用途·构造	规模	构造工程类别	确认期限
全国	特殊建筑物（注1） （1号建筑物）	作为用途使用的建筑面积 >100m²	• 建筑（新建、改建、增建、搬移） • 大规模的修缮 • 大规模的外观改变（包括增建后改变外观的情况） • 用途变更为1号建筑	35日
	木结构建筑物 （2号建筑物）	符合下面任意一项： • 3层以上建筑 • 建筑面积 >500m² • 高度 >13m • 屋檐高 >9m		
	除木结构建筑物外 （3号建筑物）	符合下面任意一项： • 2层以上建筑 • 建筑面积 >200m²		
都市计划区域 准都市计划区域 准景观地区 知事指定区域（注2）	4号建筑物	除第1号～第3号以外的所有建筑	建筑（新建、增建、改建、搬移）	7日

防火地域、准防火地区以外，10m²以内的增建、改建、搬移的情况不需要申请建筑确认。
（注1）法附表第1栏的用途特殊建筑物。
（注2）都市计划区域、准都市计划区域＝除去都道府县知事在听取都道府县城市计划审查会意见后指定的区域。
准景观地区＝除去市町村长指定的区域。
知事指定区域＝都道府县知事在听取有关市町村意见后指定的区域。

检查济证

是建筑基准法第7条第5项中规定的，用以证明"建筑物及用地符合建筑基准相关规定"的证书，由特别行政厅或指定的确认检察机关颁发。
完了检查是在建筑确认申请的建筑行为中除用途变更之外都必须进行的检查（法第7条）。
完了检查申请原则上必须在施工完成4日之内进行（同条第2项）。
提出了完了检查申请书之后，由检查员到现场进行完了检查、施工照片拍摄、试验成绩书的核对等工作，在确定符合建筑基准的相关规定后可颁发检查济证。
建设者原则上在取得检查济证之前是不能使用或允许其他人使用该建筑物的。
近年来，检查济证的取得率上升至70%左右。

违反建筑物的改正指导

建筑基准法第9条第1项中规定"对于违反建筑基准法相关规定及法律规定的许可条件的建筑物或建筑物用地，可以命令该建筑物的建设方、相关工程的承包人（包括转包者）、现场管理者、建筑物或建筑物用地的所有者或管理者、占有者等停止工程的施工，或给予一定的期限对建筑进行拆除、移动、改建、修缮、外观改变、使用禁止或使用限制，或命令其采用其他必要的改正措施"。有关违法建筑物的改正，如果遇到无视行政指导或不进行改正的情况，可以根据建筑基准法第9条1项、7项、10项作出停止施工、禁止使用、拆除等行政命令。
若遇到不遵从该命令的情况，则可根据建筑基准法第98条，对其处以3年以下有期徒刑及300万日元以下的罚款。另外，接受上述命令的情况下，根据建筑基准法第9条第13项，需要在施工现场设置写有接受命令者的住址、姓名等内容的标识，并公布于公示板上。

检查济证的例子

"建筑师法"：设计者的资格

POINT

为了使建筑师维持必要的能力，需要建筑师们定期参加讲座

对于一定规模以上的建筑，在该建筑的设计和施工监理过程中都需要一定的资格。"建筑师"是进行建筑设计的国家资格。在规定建筑师资格的"建筑师法"（1950年实施）中定义了"一级建筑师"、"二级建筑师"及"木结构建筑师"等3种资格，并规定了每种资格能够设计的规模。该规定的目的是为了谋求适当的业务，追求建筑物品质的提升。

一级建筑师需要向国土交通大臣办理许可申请手续并取得许可。二级建筑师及木结构建筑师则需要向都道府县知事办理许可申请手续并取得许可。

建筑师为进行建筑设计需要开设建筑师事务所，事务所必须在所在地的都道府县知事进行备案。

另外，为了确保在事务所从事设计工作的建筑师们在设计及施工监理的工作中拥有必要的能力，因此确立了讲习制度并规定了听课的义务。

所属于事务所的建筑师必须定期参加讲座，而管理事务所的管理建筑师则除了需要有3年以上的实务经验和参加定期讲座之外，还需要参加管理建筑师讲座。

关于建筑师的业务，对于一定规模以上的建筑必须根据"构造设计一级建筑师"、"设备设计一级建筑师"确定建筑构造相关规定及设备相关规定等的适合性。

设计者在与建设者签订设计施工监理契约之前，必须向建设者书面说明绘制设计图文的种类、施工和设计图文的对照及确认方法等重要事项。

建筑师的设计范围（建筑师法3条第3项）

总建筑面积		建筑高度 ≤ 13m 且屋檐高度 ≤ 9m					建筑高度 > 13m 或屋檐高度 > 9m
		木结构			木结构以外		全部
		1层	2层	3层以上	2层以下	3层以上	适用性与构造和层数无关
$S ≤ 30m^2$		无资格			无资格		仅1级
$30m^2 < S ≤ 100m^2$							
$100m^2 < S ≤ 300m^2$		木结构以上		2级以上			
$300m^2 < S ≤ 500m^2$							
$500m^2 < S ≤ 1000m^2$	下记以外的用途						
	特定用途						
$1000m^2 < S$	下记以外的用途	2级以上					
	特定用途						

无资格：任何人可以进行设计
木结构以上：木结构建筑师、2级建筑师、1级建筑师可以进行设计
2级以上：2级建筑师、1级建筑师可以进行设计
仅1级：1级建筑师可以进行设计
特定用途：学校、医院、剧场、电影院、参观点、公会堂、集会地（有礼堂的地方）、百货店

灾害时的应急建筑物任何人都可以进行设计。

表："世界で一番やさしい建築基準法"

什么是创设的构造设计一级建筑师和设备设计一级建筑师

2006 年 12 月公布的新建筑师法创立了构造设计一级建筑师及设备设计一级建筑师制度，规定了针对"一定规模以上的建筑物"的构造（设备）设计，是否需要构造（设备）设计一级建筑师亲自设计，以及规定构造（设备）设计一级建筑师必须确认构造相关规定及设备相关规定的适用性。

想要取得构造（设备）设计一级建筑师资格，原则上需要拥有一级建筑师资格 5 年以上，并在从事构造（设备）设计的相关工作后，完成由国土交通大臣处注册的注册讲座机构所举办的讲座课程。

什么是一定规模以上的建筑物

◉ 构造设计一级建筑师的情况

• 建筑高度大于 13m 或屋檐高度大于 9m 的木结构的建筑物。
• 除地下室外层数高于 4 层的钢骨架结构的建筑物。
• 建筑高度大于 20m 的钢筋混凝土结构或钢架钢筋混凝土结构的建筑物。
• 政令规定的其他建筑物。

◉ 设备设计一级建筑师的情况

• 层数大于 3 层且总建筑面积超过 5000m² 的建筑物。

《增改建等情况的思考方法》
关于经增建、改建、大规模修缮及外观改变（以下简称为"增改建等"）之后符合建筑基准法第 20 条第 1 号或第 2 号的建筑物，则进行增改建等的部分符合左记项目情况。

《增改建等情况的思考方法》
进行增改建的部分达到层数 3 层以上及总建筑面积 5000m² 以上的情况。

049 品确法

POINT

品确法是站在消费者保护的立场上制定的

品确法是"有关促进住宅品质确保的法律"的简称，是为了防患与住宅有关问题的发生，或在万一发生问题的时候也能从保护消费者的立场出发来处理纠纷而制定的，它于2000年实施。

该法律的要点主要包括以下三方面内容。

有关新建住宅瑕疵担保责任的特例

该特例是，在新建住宅的购买合同中，该法律规定了建筑基本构造部分的瑕疵担保期限最低为10年。另外，在签订特别约定的情况下，该期限可以延长至20年。

住宅性能表示制度

为了能够在签订建筑合同前比较住宅的性能，该法律不仅设定了新的性能表示基准，还设定了由第三方机构（注册住宅性能机构）撰写住宅性能评价书

的制度以保证住宅性能评价的客观性。而是否利用住宅性能表示则根据买卖双方的选择来决定。选择利用则需要支付一定费用。住宅性能评价书包括对设计图纸阶段评价结果的整理（设计住宅性能评价书）和对经过施工阶段和完成阶段检查的评价结果的整理（建设住宅性能评价书）两个类型，它们分别拥有基于法律的表示标志。

一旦将住宅性能评价书或复印件添加到新住宅的承包合同书或买卖合同书中，那么住宅性能评价书所记载的内容被认可为合同的一部分。

针对住宅的纠纷处理体制

当有住宅瑕疵担保责任保险的住宅的卖主或承包人（卖主等）和买主或订购人（买主等）之间发生纠纷时，将由专业的纠纷处理机构进行适当且迅速的纠纷处理。具体来说，卖主或买主等人可以通过向指定的住宅纠纷机构提出申请，接受帮助、调解或仲裁等。

住宅性能表示制度的评价（新建住宅）

▲ 设计性能评价 设计性能评价书的标志

▲ 建设性能评价 建设性能评价书的标志

建筑性能的评价分为设计性能评价和建设性能评价两个阶段。

前者是以申请者提供的自我评价书、各种图纸、计算书等为依据，对设计内容进行性能评价。

后者是经过4次施工阶段的现场检查，对施工是否依据了设计图纸及建筑物的完工情况进行性能评价。

具体来说，以国家制定住宅性能评价机构制定的"日本住宅性能表示标准"为依据，对以下10个项目进行登记或数值的评价。

另外，项目"8 声环境"是可选择项目，是否进行评价都可以。

1 构造的安定	➡ 应对地震或台风等的强度。
2 火灾时的安全	➡ 对火灾的感知度或不易燃烧。
3 劣化的减轻	➡ 防湿、防腐、防蚁处理等建筑物的劣化对策。
4 对维护管理的考虑	➡ 给水排水管及燃气管的清扫、检查、修补等维护管理上的便利性。
5 温热环境	➡ 住宅的节能效果。
6 空气环境	➡ 应对化学物质的考虑及换气对策等。
7 光、视环境	➡ 关系室内的明亮程度的开口处比例。
8 声环境	➡ 应对屋外噪声的遮声性。
9 对高龄者的考虑	➡ 高差及扶手等无障碍设施的程度。
10 防范	➡ 防止侵入的有效对策和措施。

住宅性能表示制度的注意点

在表示住宅性能的项目中，并没有包含"与地域环境的协调性"、"传统技术的继承"、"设计性"等抽象的价值判断的性能表示。因此，建筑物性能的高低与价格的涨幅并没有直接的联系。

050

耐震改修促进法

POINT

耐震改修促进法是为确保既存建筑物的耐震性而制定的

耐震改修促进法（有关促进建筑物耐震整修的法律）是从阪神·淡路大地震的教训中制定的。

该法于1995年实施，2006年进行了修改。这次修改确定了在今后10年时间里将耐震率提高到90%的具体数值目标。

这是一部"为在由于地震引起的建筑物倒塌等灾害中保护国民的生命、身体及财产安全，通过采取促进建筑物耐震改修的手段来提升建筑物应对地震的安全性，并以有助于公共福利的确保为目的"的法律。

耐震改修促进法的对象

耐震改修促进法针对的建筑物是在既存建筑物中，将提供给多人使用的具有一定规模以上的建筑定为"特定建筑物"，它的所有者必须进行耐震检查及整修来努力确保建筑物拥有与现行耐震基准同等或以上的耐震强度。另外，伪装或违法建筑物等也包含在对象中。

处罚规定

在规定必须进行耐震改修的建筑物中，对于有众多市民利用的一定规模以上的建筑，所辖政府可以向所有者提出必要的指导，这类建筑物被称为"指示对象"。若所有者拒绝或不听从指示及检查，则将根据罚则的规定处以罚金或公开未按指示的建筑物名称，对于有较高的倒塌危险性的建筑，则依照建筑基准法命令改善。

该法还设有认定制度，在接受该认定后，可以免除大规模整修时必要的确认申请，对于耐震以外的现有不符合规定的部分也可以免于追究。另外，还有可能享受到低利率融资、补助金的给予等各种优惠措施。

以耐震改修促进法为依据的特定建筑物一览表

法	政令第2条第2项	用途		法第6条规定的所有者努力义务及法第7条第1项规定的指导、建议对象建筑物		法第7条第2项规定的指导对象建筑物
				规模		
				层数	总建筑面积	
法第6条第1号	第1号	幼儿园、托儿所		2以上	500m² 以上	750m² 以上
	第2号	小学等	小学、中学、初中学前课程、盲人学校、聋哑学校、保健学校等	2以上	1000m² 以上（包括室内运动场的面积）	1500m² 以上（包括室内运动场的面积）
		养老院、老年人暂住设施、残障人士福利院等		2以上	1000m² 以上	2000m² 以上
		老年福利中心、儿童福利设施、残障人士福利中心等				
	第3号	保龄球馆、溜冰场、游泳馆等运动设施		3以上	1000m² 以上	2000m² 以上
		医院、诊所				
		剧场、参观地、电影院、表演馆				
		集会会场、礼堂				
		展览馆				
		百货商店、市场及其他经营销售业的店铺				
		宾馆、旅店				
		博物馆、美术馆、图书馆				
		游乐场				
		公共浴室				
		饮食店、酒馆、饭店、夜总会、舞厅等				
		理发店、当铺、租衣店、银行等经营服务业的店铺				
		由停车场及船、飞机出发停靠场地构成的建筑物，提供乘客上下及等待				
		机动车车库及供机动车或自行车停放的设施				
		邮局、保健所、税务所等公益上必要的建筑物				
		学校	第2号以外的学校	3以上	1000m² 以上	—
		批发市场				
		租借住宅（仅限公共住宅）、宿舍、寄宿公寓				
		事务所				
		工厂（以危险品储藏及处理为用途的建筑物除外）				
	第4号	体育馆（供一般公众使用）		1以上	1000m² 以上	2000m² 以上
法第6条第2号		以危险品储藏及处理为用途的建筑物		政令规定的储藏、处理一定数量以上的危险品的所有建筑物		500m² 以上
法第6条第3号		因地震导致建筑坍塌时，与建用地相连的道路通行也会受到影响，使受灾者无法有效避难，这类用地就是都道府县耐震修改促进计划中记载的与道路相连的建筑物		所有建筑物		—

◉ 建筑基准法的特别放宽措施

对于3层以上经耐震改修促进法认定的规划相关的建筑物，在建筑基准法规定中有特别放宽的措施。

1 对现存不合格建筑物限制的放宽
关于建筑基准法第3条第2项的现存建筑物，在为提高耐震性而进行满足一定条件的增建、大规模修缮及大规模外观改变的时候，可以不受建筑基准法第3条第3项的规定，工程结束后仍适用同法第3条第2项的规定。

2 有关耐火建筑物限制的放宽
为提高耐震性而对耐火建筑进行增设墙壁、增补立柱而导致耐火建筑不满足相关规定的时候，只要满足一定的条件就可以不予追究。

3 建筑确认手续的特例
有关必须进行建筑确认的整修工程，因为其已经拥有规划认可，所以可以视作已获建筑确认，从而简化建筑基准法中的规定手续。

◉ 耐震判断与耐震修整标识表示制度

耐震判断与耐震修整标识表示制度是指对1981年以前基于旧耐震标准而建设的建筑物，若能确认其符合耐震改修促进法的耐震判断准则且符合建筑基准法的现行耐震基准，则需要在该建筑物上挂上记录有相应标志的牌子，给建筑物的使用者等提供相关信息。由此，在提高建筑物所有者和管理者耐震安全意识的同时，促进耐震修整，进一步达到使建筑物的使用者在发生地震时能够采取正确对策的目的。通过申请获得标有相应标志的牌子后，在将牌子挂于建筑物上的同时，还可以在建筑物的相关主页和印刷制品中公布已获该牌的信息。

耐震判断与耐震修整标识牌例 ▲

111

051

修正节约能源法

以进一步推进能源使用的合理化为目的，对节约能源法进行了修改

节约能源法制定于 1979 年，是以石油危机为契机，以能源为对象，以有效利用燃料资源来应对国内外的经济、社会环境为目的制定的。

修正节约能源法是于 2009 年对节约能源法进行修改并实施的，并进一步在 2010 年进行了全面修改并实施的法律。上述修改最大的目的是为了进一步推进能源消耗量大幅度增加的业务部门和家庭部门能源使用的合理化。

修改内容概要

① 关于工厂、公司等节能对策的强化

现行节约能源法中规定了大规模的工厂及公司必须以每个工厂（或公司）为单位进行能源管理。以节能对策的强化为目的，在产业部门及公司、小超市等业务部门都采用以企业为单位的管理工作模式，对于连锁店也将其看作一个企业，采用与以企业为单位的管理同样的管理工作模式。

② 关于住宅、建筑物的节能对策的强化

现行节约能源法中规定了对于想要建设大规模住宅和建筑物（200m² 以上）的建设方，必须提交有关节约能源对策的申报，而为了强化家庭、业务部门的节能对策，想出了以下措施。

·强化涉及大规模住宅和建筑物的担保措施（命令将其添加到指示或公表中）。

·将部分中小规模的住宅和建筑物追加为必须申报的对象。

·对建设、销售住宅的企业采取促进住宅节能性能提升的措施。

·推进住宅和建筑物的节能性能的表示。

第 5 章 什么是施工

052

建筑施工的形态

POINT

建筑的施工形态随着时代的推移而变得多样化，责任方也逐渐明确起来

建筑是在设计者绘制图纸的基础上，由施工方为实现设计内容而进行施工的过程。建筑施工就是指实际建造建筑物的过程。建筑施工通常由专业的施工单位负责，而施工单位中有土木工程公司、木匠、大型综合建设公司等类型。综合建设公司是英文"general contractor"的简称，"general"意为综合，"contractor"意为承包，连起来即指综合承包者。也就是统一承包各种不同工种的施工形态，也可以称为综合建设公司。

进入19世纪中后期，建设一词从英文翻译过来，然而在此之前日本一直使用的表示建设的词是"普请"。早期在日本，木匠关系到从设计到施工的广泛领域，但从17世纪初期开始，特别是进入19世纪中后期后，伴随着近代化的推进，建筑内容越来越复杂，人们开始更加关注和追求施工的专业性。接着，设计和施工开始分离，施工内容也开始细化分类，逐渐变成了现在的施工体制。

顾客订购的形式也不仅限于直接委托给设计者或综合建设公司，还有将构想、规划、设计、企划等统一交托给专业公司的方式[交钥匙（合同）方式，详见115页]。这种方式就是顾客与专业公司[交钥匙（合同）公司]签订合同，在施工完成后交付钥匙，只要用钥匙（旋转）打开房门，就可以马上使用该建筑的方式。

这种方式在建造技术复杂的成套设备的时候，具有责任明确、合同管理简单、工期较短等优点。另外，还有通过顾客的代理人（承包经理人，简称"CMr"）分别进行订购、设计、施工管理的代理人（CM方式）方式。

日语"普请"的由来

"普请"一词，原本是宗教用语，指的是邀请共同从事寺庙堂塔建造等劳动。

"普请"即"到处请人"，是邀请很多人的意思，希望以广泛平等的服务（报酬、劳动力、资源和材料等的提供）来号召众人。

不久，在筑城的土木工程中也开始使用普请一词，渐渐地，"到处请人"的含义弱化了，"普请"开始作为建筑、土木工程的意思使用。

建造住房被称为"家普请"，更换屋顶的茅草被称为"屋根普请"，清扫水渠、水沟被称为"沟普请"，与农田的治水用水有关的被称为"田普请"等，出现了各种各样的普请，这些普请作为无偿的互助活动，帮助当地人进行了居住地区的建设。

而随着时代的变迁，无法提供劳动力的人上缴费用，大店铺代替承担费用等各种专业工作的分类逐渐发展起来。目前的土木工程、建筑等也称为"普请"，但原来意义上的普请是互相扶持、互相帮助的意思。

◀ 普请场地平整
出处：
文部省発行教育錦絵
衣食住之内家職幼繪解之圖
筑波大学附属図書館所蔵

普请的方式种类

◉ 交钥匙（合同）方式（Turn Key）

建设公司的一种运营（承包）方式，是指建设公司将从制定标准到完工的所有内容一并承包的合同方式。采用这种方式的多为民间企业。

"交钥匙（Turn Key）"是从美国传入的词，意思是"只要将交到手上的钥匙（Key）旋转（Turn）一下就能使用"。

◉ 全交钥匙（合同）方式（Full Turn Key）

这是包括了成套设备及工厂等设施从设计、施工、机械设备的安装、试运行指导到责任保证全部内容的承包方式。它需要承担保证设施在完成后到达只要转动钥匙就可以开始运行程度的所有责任。

◉ CM 方式

以建设方代理人（CMr）的身份代表建设方实施分别订购、设计、施工管理的方式。

▼ 设计施工整体订购方式与通过 CM 分别订购方式的比较

项目	设计施工整体订购方式	通过 CM 分别订购方式
委托方的立场	被动接受完成后的建筑，不需要花费工夫	需要花工夫积极参加规划、设计、选择施工者、管理等过程
设计者的立场	• 设计的内容多依照公司的指南及标准等进行。 • 也有采用外包的形式。 • 基本不参与成本管理及工程管理等	• 有关设计内容在与委托方商讨的基础上进行设计。 • 不仅要设计，也要参与成本管理、工程管理等
实务的形态	分工形态很多，包括经营、设计、工程管理等	几乎不进行分工
合同的形态	• 交换集设计与施工一体的工程合同 • 也有少数将设计分离的情况	• 设计管理、选择施工者等管理业务的委托合同 • 工程则与各专业工程公司签订工程合同
公开性、透明性	一般来说不对委托方公开原料价格	在定期向委托方公开原料价格和施工情况等的基础上进行施工

053

建筑施工中被要求的内容

POINT

建筑施工中被要求的内容 = "品质的确保"、"工程的遵守"、"原料价格的压缩"、"施工的安全性"、"对环境的考虑"

建筑施工中被要求的内容包括确保建筑的品质、遵守工程要求、压低原料价格（适当的费用）、施工的安全性、对环境的考虑等。

品质的确保

指建筑的施工精度、构造和功能等的强度、耐久性、装饰的美观等内容。为了确保上述的建筑品质，产生了品质管理（Quality Control=QC）的手法。一般被称为品质管理七道具。

工程的遵守

工程规划和管理变得十分重要。

为了在预定的工期内完成建筑的建造和交接，需要明确各阶段工程的施工方法、步骤、材料、资源、机器、劳动力等，并计算各工程所需的施工天数，制订具体的计划。在工程开始后，对各工程的进展进行检查（工程管理）。

原料价格的压缩（适当的费用）

为了达到将原材料价格压缩到最低的管理目标而进行实施预算。

另外，在施工进行的过程中，还需要管理和计划如何控制可变成本。

施工的安全性

对于与工程有关的工人、职员、协助人员、出差人员等来说，安全地开展工程施工是一大目标，因此，在施工现场需要进行全面的安全管理并制订各种各样的措施。

对环境的考虑

对建设用地周边的环境，需要考虑针对由建设产生的噪声和振动、地基下沉、电波信号受阻、日照、风等不良影响的预防措施。

另外，根据2000年公布的建设再利用法（与将建筑工程的材料再度资源化有关的法律），建设者必须对施工现场产生的混凝土块、建设用木材、沥青等进行现场分类，从而承担推进建筑材料的再资源化和减少建设废弃物总量的义务。

品质管理（Quality Control）的七大工具

品质管理（Quality Control）的七大工具是指与品质管理有关的数值化的品质管理手法。
如下所示，以长期使用的数值（统计）资料为基础构成的品质管理的代表性手法主要有七种。

| 巴利托曲线图（主要因素图） | ➡ | 它是分项目、分层，并在按出现频率大小顺序排列的同时表示累积和的图。例如，对不适合的内容进行分类，并按照数量顺序排列来绘制巴利托曲线图，就可以看出不适合的内容的重要性顺序。 |

| 直方图 | ➡ | 它是将统计特征的次数分布用直方图来表示的手法之一。它是将测定值可能存在的范围分成几个区间，以各区间为底边，用与该区间内测定值的次数成比例的长方形面积表示的图。 |

| 管理图 | ➡ | 它通常是将连续的观测值或大量的统计值按照时间顺序或样本编号顺序标出对应点，形成有上方管理界线点或线和下方管理界线的图。同时，为了辅助检验标出点的值与一侧管理界线方向的倾向，还标有中心线。 |

| 散布图 | ➡ | 它是将两种不同的特性作为横轴和纵轴，将观测点的值标注出来进行绘制的图标表示方法之一。 |

| 特性要因图 | ➡ | 它是将特定的结果和原因之间的关系系统表示出来的图。 |

| 检查表 | ➡ | 它是一种预先写好需要记录的项目（盖章或打钩），再到工厂、施工现场和办事处进行检查的方法。 |

| 分层 | ➡ | 将制造条件和过程相似的内容归纳为一类，与条件不同的内容进行区别并整理数据的方法。 |

采用品质管理的历史缘由

日本开始采用品质管理观点是在第二次世界大战之后。
与二战前、二战时大规模产品生产相对的是日本品质管理的恶化，到了战后，为了改善真空管的品质，在 GHQ 的指导下开始采用品质管理手法。
之后，日本科学技术联盟设立了戴明奖，各种启蒙活动开始奏效，在高度成长时期，大多数工厂普及了品质管理手法。

[注] 戴明奖（Deming Prize）是授予在推进综合品质管理进步中具有功绩的民间个人的奖项。它是由日本技术联盟管理的戴明奖委员会进行选拔确定的。

054

施工计划

POINT

施工计划是指在充分确认需要研究和注意的事项的基础上制订方案的

施工计划制订的目的是为了使施工的对象能够按照设计图纸完成，充分考虑并规定施工的制约条件、必要的施工顺序、工艺手法、施工中的管理方法等方面内容。

计划制订前，需要确认以下值得研究和注意的事项。

建设方要求的合约条件

确认现场说明书、问答书、特别记载方法书、图纸、标准方法书等内容。

现场布局状况的把握

指对气象、地质、地形、交通状况（交通量、道路占用的必要性、周边环境的把握）以及建设时产生的噪声、振动、废材等的把握。

施工技术计划

在灵活运用过去的成绩和经验的同时融入新技术与新方法，将工程的施工和施工顺序、工程计划、施工机械的选定等结合起来，确定搬运计划、设备计划以及品质管理计划等。

关联计划

确认外部订购计划、劳务计划、材料的选择、搬运计划以及机械的机种、台数、机关等内容。

工程管理计划

确认现场组织的编制、实践预算的制作、安全管理、环境保全计划等内容。

代替方案

在制订施工计划时，一般会制订多个方案，通过比较每个方案的经济性、优点及缺点，进行研究探讨，选择最合适的计划。

损失的减少

在尽可能较少施工的程序性等待、机械设备的损失时间及消耗等的基础上制订计划。

变更

当施工计划书的内容需要进行重要变更时，每次都需要写变更计划书。同时，需要在不影响工程的情况下迅速应对。

施工计划的注意事项及工程表

施工计划必须关注工程品质、安全、成本、工期四大要素的平衡。无视必要的工期而一味缩短工期不仅会导致施工品质的下降，给安全作业造成障碍，还会妨碍劳务、资本及材料的灵活运用，增加建设成本。

工程计划是将整个施工计划通过时间轴整理得到的，是施工计划必要的组成部分。

工程表一直以来都以各种形式和种类被采用。网格化工程表是 1950 年代后半叶开始使用且至今仍广泛应用的工程计划。

木结构平房专用住宅的网格化工程表案例

工种 \ 月日	H18年 6月 10 20	7月 10 20	8月 10 20	9月 10 20	10月 10 20	11月 10 20	12月 10 20
设计者检查/政府检查	建筑物平面确认 基础检查			清水检查			设计检查 业主见证
工程内检查	建物平面确认 认地基确认 基础检查（配筋）（成型）		第二回（住宅建造前）	清水检查	木轴检查		施工方内部竣工检查
品质管理工程会议	第一回（施工前）		第二回（施工中）	第三回（施工中）			
准备工程							
临时工程	临时围栏（放线定位）撤法	脚手架及屋架搭建 上层支架搭建				脚手架至围栏（内外围扎）	
基础工程	基础工程						
木工程	PC分配（讨论）	架构 屋顶完成、外装基础工程（窗框安装及铺设底板） 外装工程 复杂的加工安装		墙体、关井基础工程（完成）完成 修正工作			
屋顶饭金工程		楼板底层毛毡、金属板屋顶				施工室内棚	
外装工程				分湿 铺设板条（涂抹砂浆）外墙完成			
灰泥瓷砖工程					足水泥铺瓦工程		
金属内装工程	窗框协调	嵌入 窗框安装			砂窗、窗套		
木内装工程				量取 交付 加工	木质家具工程 修正工作 完成		
家具设备工程				量取 加工	安装		
涂装工程					内外涂装完成		
电气设备工程	临时安排		屋内配线		器具安装		
给水排水卫生设备工程	临时安排	套管工	屋外配管		器具安装		
空调换气设备工程			屋内配管配线		器具安装		
备注	PC加工图 基础配筋	窗框协调	屋内木工、家具协调		*各工程都有变动的可能性 *登记手续准备	完成检查后交付	
工程款交付时间	*制定合同时	*框架完成时			*内装基础完工时	*交付时	

● 网格化工程的表达方法

- 若无法完全完成结合点前矢量线段的工作就无法开始之后的工作。
- 从一个结合点到下一个结合点的矢量线段只有一条。
  当从一个结合点同时开始两项及以上工作时，需要增添人员。
- 开始的结合点和最终的结合点都只有一个。
- 不构成循环。

网格化工程表的长处和短处

长处	➡ 易于把握需要重点管理的工作。 易于把握各项工作的关联性。 易于把握劳务、资材等的投入时期。 易于制定工期缩短的政策方针。 通过使用电脑而更省力。
短处	➡ 制作费事。 难以把握各项工作的进展状况。

055

工程监理和施工管理

POINT

工程监理作为设计工作的一个环节进行，施工管理则是施工方为确保自身工程和品质管理而进行的

工程监理

工程监理被认为是设计工作的一部分。工程监理人员（进行工程监理必须具备建筑师资格，一般由设计者任监理者）需要在自己的责任范围内对照工程施工和设计图纸，确认施工是否依照设计图纸进行。它是由工程监理人员对以施工方自主管理为基础进行的施工进行确认的工作。依据建筑师法的规定，其具体业务内容主要包括以下几项。

① 建筑师事务所的开设方在接受工程监理委托的时候，必须向委托方提供记录有工程监理种类、内容、实施时间、方法、报酬金额等内容的书面文件。

② 对比工程与设计图纸，确认工程是否按照设计图纸实施。

③ 一旦认定工程未按照设计图纸实施，则需要立即向工程施工者指出

问题，若工程施工者不听取意见，则必须及时向委托（建设）方报告。

④ 工程监理结束后，应立刻将监理结果通过书面文件等方式向委托（建设）方报告。

施工管理

施工管理是指以施工方作为施工管理者进行的现场监督为中心，对施工品质的确保、工程的推进情况、材料的订购、工作次序的指示、实行预算的制定、专业工作人员的管理等与工程顺利展开有关的问题进行监督工作。

最近，对于建筑的缺陷和瑕疵等问题，除了依据施工方承包合同中的瑕疵担保责任处理之外，还出现了追求作为工程监理者的建筑师的过失责任的倾向。今后，人们一定会更加关注工程监理者的社会作用和责任心。

工程监理和施工管理

工程监理业务是"监理",与"管理"的定义是有所区别的。

◉ 建筑基准法上的定义

建筑工程监理

建筑师法第2条(定义)第6项
工程监理指的是在进行工程监理的时候,确认工程是否按照设计图纸实施。

建筑师法第18条(业务执行)第4项
建筑师在进行工程监理的时候,如果认定工程未按照设计图纸实施,则需要立即向工程施工者指出问题,若工程施工者不听取意见,则必须及时向委托(建设)方报告。

建筑施工管理

建筑业法实行条例第27条
针对工程的实施,其施工计划、施工图的制作,对该工程的工程管理、品质管理、安全管理等。切实实施工程的施工管理来讲,是必备的技术要素。

◉ 监理和管理

监理
检查及确认施工是否按照设计图纸进行。
调整及修改设计内容中不明确、不充分和不足的地方。

管理
指施工者为达成目标而建立的实施自身计划过程中的工作。
如果进行施工管理的现场监督拥有建筑师资格则也可以作为工程监理人员,但按照法律的宗旨,工程监理人员是受到委托建设方的委托,作为其代理人工作的,因此需要站在委托方和施工方之间中立的立场上进行工作。

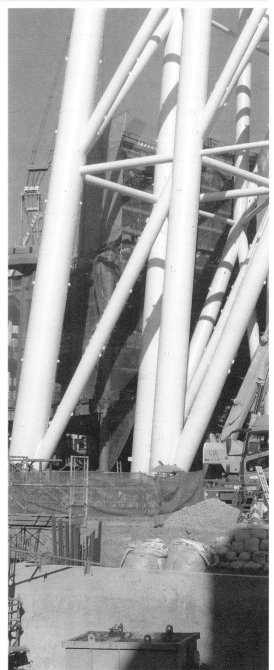

东京天空树钢管桁架柱脚部分(施工时)
竣工:2012年2月29日
设计监理:日建设计
施工:大林组
设施概要:展望设施、广播电视设施
占地面积:36844.39m²
最高高度:634m
构造:钢骨架构造 钢架钢筋混凝土构造
　　　钢筋混凝土构造
基础:现场打桩 地下连续桩

056 地基调查

POINT

为了确认地基的正确性状，需要进行地基调查，并以调查数据为基础讨论出适当的施工方法

作为建筑动工前的准备工作，需要以掌握建筑时必要的地质特性为目的进行地基调查，并以调查获得的数据为基础进行地基强度的计算。

地质特性

地基是指对人类活动和生活有直接影响的表层地质。地基的情况会根据地点的不同而存在差异。只有土的地方、只有岩石的地方、以及切土、填充土、埋土等，在肉眼看不到的地下有着各种各样的面貌。

在新潟地震和阪神淡路大地震中可以看到地基液化现象。它是指地下水位较高的砂质地基由于地震的震动而产生液化的现象，这种现象一旦发生，地基就会迅速失去承载力。另外，还会发生地下埋设物（下水管）等的上浮和地基表面的沉降等情况。在斜面上，地基不仅支撑着建筑，也可能被建筑压坏。由于斜面的崩塌与土地

的老化和风化现象有关，因此很难掌握到崩塌前的预兆。因此，为了防患于未然，有必要调查过去有关斜面的灾害记录。

地基调查

地基调查是为了正确判断复杂的地质特性而进行的。同时，依据地基调查的结果，可以进行基础桩施工、山体保留、水替换方法、基础及地下的挖掘方法等方面的研究。

地基调查手法一般包括了平板荷载试验、标准贯入试验、声波探测试验、钻孔等。即使是小规模的木结构建筑，为了确认是否有不同程度下沉和液化等现象，无论规模的大小都有进行地基调查的必要。

2009 年，住宅瑕疵担保履行法实施，新建住宅必须进行地基调查，设计者在地基方面的责任变得更重了。

平板荷载试验

在地基的平板载荷试验中，首先要在试验地基面上设置刚性较强的载荷板（直径30cm的圆形），然后分阶段增加负重，并根据某时刻地基的下沉量求出地基的极限支撑力和地基反作用力系数等相关内容。

增加负重的时候需要提供反作用力负重。反作用力负重可以根据现场的情况使用砂砾、钢筋、铁板、背部加重等方法。

以确认构造物的设计荷载为目的情况下，一般设定试验最大荷载为设计荷载的3倍以上。

载荷方法有阶段式载荷（1周期）和阶段式反复载荷（多周期式）等，可以根据不同的目的选择荷载方式。

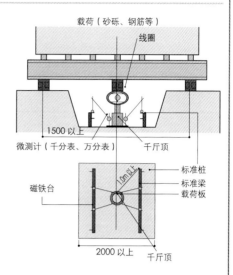

图:《世界上最易懂的建筑材料》

瑞典式声波探测试验（SWS试验）

瑞典式声波探测试验是瑞典国有铁路在1917年左右针对不良路基进行实证调查时采用的方法，之后，该方法在斯堪的纳维亚（挪威、芬兰）各国得到广泛普及。1954年左右，日本建设厅（现国土交通厅）将其作为堤坝地基调查方法开始采用。1976年JIS标准制定，到了现在，独户住宅的地基调查基本上都通过该试验作为测算方法。

试验方法是在装有螺旋转头的杆子头部施加载至1kN（相当于100kg砝码的重量），测算杆子贯穿地下的量。然后在贯穿停止后，增加方向盘的旋转，测定拧入直线距离25cm所需的转数。最后以该结果为基础判定地基强度。

最近，代替手动旋转拧入的方法，机械测定开始实施（下方右侧照片）。

▲ 手动拧入测定　　▲ 机械测定

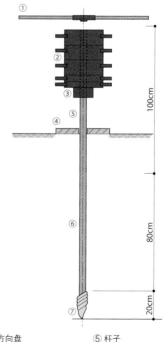

① 方向盘　　　　⑤ 杆子
② 砝码　　　　　⑥ 螺旋转头接续杆
③ 载荷用压板　　⑦ 螺旋转头
④ 底板

057

地基改良工法

松软地基改良手法的选择需要在考虑构造安全性的基础上综合判断

地基改良是指对在地基调查中认定为松软地基的土地进行地基的改良。

地基改良包括强制压密、土地的压实、固结、置换等处理方法。

强制压密工法

是指对于由饱和黏土或淤泥形成的软弱压密地基，强制性排除间隙水并促进压密沉降的工艺手法。强制压密法分为载荷法和垂直导管法两种。

压实工法

是指在地下设置砂桩，通过施加振动、冲击等物理的、机械的力来提高地基密度的手法。

通过增加土地密度，地基的支撑力和耐剪断力得到提升，从而地基得到强化改良。压实工艺包括振动浮选法、砂压入法、砂砾压入法等。

固结工法

是指在土壤中加入水泥硬化剂并搅拌，通过化学作用促进土壤硬化的工艺手法。这种手法对于黏性土、砂质土地基来说，有增加支撑力、抑制地基沉降、防止地基液化等效果。固结工法可以分为表层改良（浅层改良）和深层改良（柱状改良）两种。

表层改良是指在松软地基层位于地表以下 2m 以内的情况下，通过对基础地基部分土壤的改良来提高地基强度的手法。需要注意的包括腐殖土层无法与水泥反应、地下水的大量涌出会影响硬化剂的反应等方面，因此必需对施工手法进行研究。深层改良是适用于松软地基层位于地表以下 2m 以上 8m 以下情况的工艺手法。具体做法是首先挖掘地基，然后埋入长方体状的凝固剂，最后形成混凝土柱。

置换工法

是指将松软层的一部分或全部用优质的土、掺土水泥、混凝土等进行置换的工艺手法。

通过垂直导管法改良地基

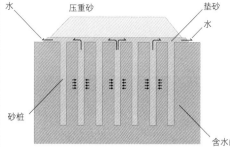

水　压重砂　垫砂　水　砂桩　含水的松软地基

垂直导管法是指在地基中取适当间距在竖直方向上设置砂柱（砂导管法），由此缩短水平方向压密排水距离，进而通过促进压密沉降而达到增加地基强度效果的手法。这种手法对厚度大的均质黏土地基有较好的效果。代替砂柱法的砂柱而使用滤纸管促进压密沉降的滤纸管法，与砂柱法相比较具有施工管理更加容易、浇灌时对地基的影响较小等优点。

表层改良法

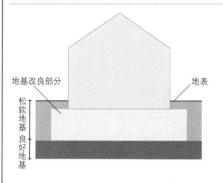

地基改良部分　地表　松软地基　良好地基

表层改良法是指在松软地基上铺撒水泥类的固化材料，然后与原来地基中的土进行混合、搅拌和加压，形成板状固结体的手法。
该方法适用于松软地基层分布于地表以下 2m 以内的情况。
当改良深度内存在地下水而使搅拌困难，或改良范围涉及相邻土地或道路边界而可能影响边界地区、相邻住户、道路等，那么该方法则不适用。
表层改良法的工期通常为 1~2 天，由于是在原地基上进行改良，因此需要的新土量很少。

深层（柱状）地基改良法

深层地基改良法适用于松软地基在地表以下 2m 以上 8m 以内的情况。
将水泥类的固化材料（粉状）与水混合成泥浆状，用低压泵将其注入地基内，再用搅拌翼将其与需改良的土壤混合搅拌使其发生化学反应而固化，最后形成掺土水泥圆柱。这就是深层地基改良法。
由于该方法采用机械搅拌，因此与其他方法相比，振动、噪声等对周边的影响较小。

照片：MITASU 一级建筑师事务所　清水炀二

125

058

基础工事

POINT

详细分析地基特性，选择适当的基础工程

建筑的基础根据建筑的构造和支撑方式的不同，可以分为以下几种。

直接基础

这种手法可以分为用混凝土板支撑建筑全部地面的板式基础和由具有一定宽度的带状底部来承担上部构造重量的基脚基础两种类型。这两种都是木结构建筑中常用的手法。

桩基础

是指在遇到松软地基上浅基础很难支撑整个建筑的情况下所采用的方法。桩基础可以分为向地基传递应力的方法、直接将桩打入支撑地基的支撑桩、通过桩周边的摩擦力来支撑的摩擦桩等几个类型。

桩分为预先在工厂制作完成的成品桩和在施工现场制作的现打桩两种。具体选择哪种桩法要根据建设现场和周边的地质特征及构造物的特性等进行判断。

沉箱基础

沉箱（caisson= 潜函）是指将用混凝土及钢等制成的箱形大块运至现场，一边开挖土砂，一边根据自重、累积负重、螺栓等的反作用力将沉箱下沉到支撑层并进行设置的方法。

沉箱主要分为将上下无盖的筒构造沉箱在标准大气压下一边进行筒内挖掘一边使其下沉，然后制成混凝土顶板和底板的开放式沉箱；以及在底部设置挖掘工作室，送入与地下水压相当的压缩空气，然后利用气压一边防止水和泥等的灌入一边进行挖掘工作的气锤沉箱等。

特殊基础

构造上具有复杂基础的特殊事例包括沉箱与桩复合的带脚沉箱基础、桥梁基础上采用的多柱基础以及钢管矢板井筒基础等。

直接基础（木结构板式基础）

◀ 断根、加入碎石块
进行开挖，铺设碎石（为形成较好的地基而使用碎石），用夯锤进行压实。

◀ 装配钢筋

◀ 混凝土基础的完成
基础上竖直突出的较长的构件是地脚螺栓。

桩基础（RC桩）

桩形状的测定及端头的确认 ▶

桩打入时的情况 ▶

桩打入后的情况 ▶

059 钢筋混凝土工程

POINT

在各工程阶段中进行核准并列席现场，施工后进行仔细的确认工作

钢筋混凝土工程主要包括钢筋的架构（钢筋工程）、模板的制作（模型工程）、混凝土的浇筑（混凝土工程）等。与这些工程同时进行的还有设备的管线配置以及预埋管（在混凝土墙、楼板、梁等地方为了制作预先贯通的洞而埋入筒状的金属管）设置等方面的设计，从而避免混凝土浇筑完成后重新打洞的情况发生。

钢筋工程

钢筋工程和混凝土工程都是为了构筑建筑主体结构而进行的重要的工程。在配置钢筋的时候，需要检查钢筋端部的厚度（混凝土表面到钢筋表面的最短尺寸）、搭接部分的长度、固定长度等；然后，在配筋结束后混凝土浇筑前也需要检查配筋，如果遇到有需要纠正的地方，就必须迅速进行改正。

模板工程

模板是为了形成建筑主体结构而制成的模子。尽管模板只是在建筑完成时不被保留的临时构件，但在主体结构的工程费用中，模板工程占到了40%~45%。从经济合理性的观点出发，工程中有必要考虑模板适当转用的计划。另外，提高建筑主体模板的精度也会影响到表面装饰工程经济性的提高。

混凝土是由水泥、掺料和水制成的，而水泥遇水发生反应则会发生硬化。因此，在混凝土浇筑计划中，为避免冷接头（堆砌时由于时间间隔太长而产生的不连续的堆砌接头）的产生，还必须考虑从工厂搬运到现场的时间。

另外，还需要进行模板的清扫、混凝土品质、施工状况、培养方法等的确认，试件采用的确认，模板拆除后外观的检查等工作。

钢筋工程

钢筋搬入施工现场时对材质证明书(钢材检查证明书)进行确认。确认端部厚度、配筋间隔、设备配管及开口处等的开口强度补足、钢筋的固定长度等。

▼ 下：混凝土板配筋　右：墙体配筋

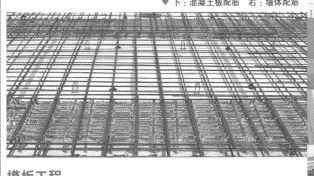

模板工程

由于模板工程对建筑主体结构的混凝土精度存在较大影响，因此，在直接分割混凝土连接处的（挡板）嵌板时，为了不产生接缝，需要仔细注意基础制作。

混凝土浇筑

制订与建筑主体结构相应的浇筑计划并进行浇筑。

▼ 接受检查
浇筑混凝土当天需要接受的检查有混凝土坍落度、流量值、空气量、混凝土温度、盐化物的检查等。(混凝土 → 102)

木工程

POINT

选择与构造特性相适应的木材种类，考虑构造计划

木工程指的是包括一般的木材加工在内的,构成木结构建筑主体的轴组（在来轴组工法、枠组壁工法、木质系预制工法、丸太组工法、大规模木质工法等）、楼板骨架、屋顶骨架等的修建工程。

这里主要讲解一些有关在来轴组工法的木工程的概要。

基础

建筑的基础位于木结构建筑骨架的最下部，与地基贴近，因此容易受到湿气的影响。如果外墙有漏水的情况发生，则容易使白蚁等接近。同时，为了承受上部结构的重量，需要选择坚固的、不易腐蚀的木材。一般采用铁杉来作为基础材料，通过涂上药剂来作防蚁处理，但如果能够使用桧木或丝柏等不易腐蚀的材料就最好不过了。

柱和梁

使用原木的情况下，为了使制成的柱子看上去像圆木那样具有芯子的被称为"带芯材",没有芯子的材料被称为"去芯材"。带芯材的构造强度较强，受白蚁侵蚀的情况也比较少。制作梁所使用的材料由于需要承受上部重量，因此需要选择弯曲应力较强的树种（美国松等）。

使用构造用集成材料制作的柱和梁最近也变得常见了。集成材的强度可以达到原木的 1.5 倍。另外，集成材料歪斜情况较少，具有较好的安全性。在制作较大的空间时，构造用集成材更为合适。

房顶构架和楼板构架

房顶构架是指屋顶的骨架构成，楼板构架是指楼板的骨架构成。这些地方也适宜采用弯曲应力较强的米松等材料。

木材和铁等工业制品不同，它的强度会根据树种、生产地、木材的取用方法、采伐年龄等的不同而产生变化。乍看之下，木结构结构与其他工艺手法相比要来得容易，但事实上木结构结构需要正确理解木材的特性，是一种十分困难的工艺手法。

木工程

檩条（美国松）

椽子（美国松）

柱子（杉木）

地基（美国丝柏）

床束（支撑地板龙骨的短柱）

柱
支撑建筑物重量和力的垂直方向竖立的构件的总称。

梁
为了将上部建筑物的重量和力传递到柱和地基上的水平方向组成的构件的总称。具体包括横梁、屋檐、桁、地梁和楞木等。

通天柱
从一层到二层使用一根木材的柱子。

管柱
各层中竖立的正方形的柱子。

中间柱
管柱之间嵌入的作为基础用的柱子，尺寸是管柱的 1/3~1/2 左右。

小房束
支撑屋顶梁和檩条的柱子。

地基
连接基础和建筑物的水平向材料。

檩条
屋顶骨架中的水平向材料。

楞木
支撑楼板的梁。

托梁
楼板到底之前的水平向材料。具有将楼板重量传递到楞木和地板梁的作用。

名称	使用部位	特征和用途
桧木	地基、柱	具有较大的强度和较高的耐久性，适合在地基和柱等构件中使用
丝柏	地基	除桧木以外，具有较高的耐久性，适合在地基等构件中使用
杉木	柱	柔韧，但强度和耐久性比桧木差。适合作为构造材和装饰材料使用
美国铁杉	地基、柱	耐久性差，但柔韧、易于加工，且价格低廉，多作为住宅建材使用
美国松	梁	弯曲应力较强，适合在梁等构件中使用

▼ 轴组模型：1/50

061 钢筋骨架工程

POINT

钢筋骨架工程会根据现场接合精度的好坏给建筑整体品质带来很大的影响

钢筋骨架工程是指由制作钢筋骨架的工人将在加工工厂加工完成的构件搬运至施工现场并进行组装的过程。

钢筋骨架工程的施工者，首先要对设计图纸上规定的内容通过询问进行详细确认，归纳出钢筋骨架工程制作要领文件。

然后，在加工工厂内，以设计图纸为基础进行工作图纸的绘制。

工作图纸绘制完成后，工程监理人员需要以工作图为基础，与施工人员和监理人员进行磋商，并在确认钢筋骨架的协调等内容后，对工作图纸给予认可。

工作图得到认可后，需要在现场绘制与实物等比例的图纸，并对相关节点进行详细确认。

在钢筋骨架的制作中，为了检查其结构，需要对开口处断面等处的加工状况进行检查，并经过产品检查、涂上抗氧化涂料后，搬运至施工现场。

钢筋骨架构造时要对构造的精度进行检查。检查完成后，要用高抗拉螺栓进行固定，然后进行现场熔接。

钢筋骨架现场接合精度的好坏对建筑整体的品质有着非常大的影响。接合的种类包括高抗拉螺栓接合、普通螺栓接合、熔接等。

高抗拉螺栓接合

在该接合方法中，有摩擦、支压、张拉三种类型，但现在最普遍的是摩擦接合法（在接合构件的接触面施加接触压，通过摩擦力来传递应力的接合法）。

摩擦面上不进行抗氧化涂料的涂抹。当接合面受到氧化时，则用磨光机进行打磨来除去。

普通螺栓接合

由于采用这种接合手法存在着时间长了以后接合部容易松动等不安定因素，因此在构造规模上有一定的制约。

熔接

熔接一般按照便于构件组装的顺序进行，熔接部位的检查则通过目视或超声波探伤检查进行。

高抗拉螺栓接头的接合种类

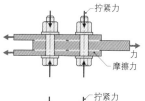

◉ 摩擦接合

摩擦接合是用高张力钢螺栓来固定接头处的钢片，并通过钢片间的摩擦力来传递负重的接合方法。

◉ 支压接合

支压接合是通过接头处材料间的摩擦力、螺栓轴部的抗剪切力以及螺栓轴部和螺栓孔壁的支压来共同抵抗的接合方法。

◉ 张拉接合

张拉接合是通过适合消除大型材料间压缩力的形式来传递螺栓轴向应力的接合方法。它包括使用于柱梁接合部位的分段式接合、镜板接合，以及使用于连接钢管和钢管之间的法兰盘接头上的接合等。

高抗拉螺栓和普通螺栓

高抗拉螺栓是采用高张力钢制作而成的高强度螺栓，主要用于桥梁和钢骨架建筑物、构造物之中。

普通螺栓容易发生松动、滑动等现象，从而使构造体产生较大的形变，因此，在构造上的评价设定比"铆钉及高抗拉螺栓"、"熔接"等更低。

建筑基准法实施令第 67 条指出，在"屋檐高 9m 以下且梁间距 13m 以下、总面积 3000m² 以下的建筑物"范围内的钢筋骨架构造中，可以允许结构承重的主要部分使用普通螺栓。

钢材的特性

在制造工程中，钢材品质的均一性通常很难得到保证。通常，在制造过程中会产生物理性质的不均匀、冷凝时的残留应力等内在问题。

给钢材加热后，钢材内部的形变会在材料表面显现出来，从而产生较大的扭曲和歪斜。熟练工熟知钢材的这些特性，因此一边预先假定好扭曲的产生，一边进行熔接。

熔接作业和天气

熔接作业遇到下雨、下雪的天气就无法进行。另外，在下雨或下雪后进行熔接时，则需要先用燃烧气体的装置对端头部位进行干燥后在开始熔接。

气温在 0° 以下时，原则上不进行熔接作业。但如果在 0° 以下时能够确认熔接作业不受妨碍，且能够确保规定的预热温度，那么在与主管人员商量后，也可以进行熔接作业。

湿度超过 90% 的情况下，原则上不进行熔接作业。遇到因雷阵雨等急剧的降雨不停而导致熔接作业必须在中途中止的情况，如果熔接在板厚的 1/2 以下，那么应当在做好保证熔接部位不被雨淋湿的措施后继续进行熔接。

另外，1 条熔接线必须完成全长而不能在中途停止。熔接中断后，需要注意不要因为雨水而导致熔接部位的急剧冷却。

POINT

泥水工程受到气温、湿度、风等因素的影响，因此需要特别留意天气气候状况

泥水工程是指涂抹砂浆、涂抹灰泥、铺人造石、涂石膏等泥水匠进行的工程。

涂砂浆

涂砂浆使用于将砂浆作为石材、瓷砖等的胶粘剂以及将砂浆本身作为表面装饰材料等各项施工中。砂浆在气温较低的时候无法发挥强度，因此施工中室温必须达到5℃以上，2℃以下则不进行作业。同时，风很强或受到直射阳光照射会导致急速干燥等条件下需要避免施工的进行。

涂灰泥

灰泥是由矿物质的粉末和水混合而成的材料，主要包括以石膏为主要材料的石膏灰泥和以烧过的白云母混合水酿成的白云石灰泥等。

涂人造石

人造石是将大理石等碎石（种石）和水泥及颜料调和后用泥封上，再经清洗、研磨、敲打后形成的材料，并使其看起来像是自然石头的工艺手法。

涂漆喰

"漆喰"（→106）是日本自古以来与土壁一起使用泥水材料。它是由消石灰、海藻糊、植物纤维等混合而成的。

涂漆喰这样的湿式泥水工程特别容易受到气候的影响，干燥和硬化也比较耗费时间（快速干燥是导致裂缝的原因），因此，相对需要的工期较长。这种手法由于比干式手法需要更高的费用而一直不受欢迎，但最近由于对自然要素关注度的提高，选择灰泥、硅藻土等自然素材作为装饰材料的例子逐渐增加。

泥水匠通过手上的触觉来感知活儿做的是否到位，从此带来更多的成就感。但是，现场的作业比例较高，因此给人一种工作非常辛苦的印象。这导致了职业泥水匠人数的减少，产生了继承者问题严峻的现状。

泥水工程的起源可以追溯到绳文时代。

土是最容易获得的材料，将不经加工的土做成丸子的形状然后堆积形成土塀被认为是泥水工程的起源。

到了飞鸟时代，随着使用石灰使成品颜色变白的技术的开发，泥水工程真正开始了。

安土桃山时代，混合砂和纤维等材料的各种表现成为可能，在茶室等处使用各种带颜色的土成为可能。

到了江户时代，漆喰成品开发而成，建筑物的耐火性得到提升。江户幕府为了防止重大火灾的发生，除了提倡使用瓦屋顶之外，还鼓励使用漆喰的土仓壁。另外，被称为漆喰雕刻的浮雕装饰也逐渐形成。

小舞竹组土壁工法

小舞竹即先编好竹子再用土涂抹的传统工艺手法，它是指使用于土壁底子上的细细分割的竹子。将这种小舞竹纵横交叉组织的工艺手法成为小舞竹组土壁工法。小舞竹和小舞竹交叉的部分用麦秆或棕榈绳等捆绑起来，并用黏土和稻草麻刀等的混合物涂到粗壁上。

小舞竹组土壁的特征和效果包括墙壁的蓄热作用、调湿作用、防火作用、隔声效果等

涂第二层

涂底子

涂最后一层

柱

小舞竹

135

063

室内装饰工程和家具工程

POINT

室内装饰工程必须特别考虑室内空气污染问题

室内装饰工程

室内装饰工程是指在主体结构工程完成之后，对地板、墙面、顶棚等从坯子到成品完成所进行的工程。

该工程与水管配置工程、电器的配线、照明器具及空调设备的协调等设备工程有着十分密切的关系。因此，在建设现场需要与设备工作者进行充分的协调工作。同时，需要特别注意的点包括用火房间表面材料的限制和对室内空气污染问题的考虑。伴随着建筑气密性的提高，室内空气污染症候群发生的案例有所增加，因此，为了减少相关物质，2003 年建筑基准法修改后，具体的对策得以法令化。伴随这一改变，JIS（日本工业标准）和 JAS（日本农林标准）进行了相应变更，形成了对使用建材的制约和室内机器换气等方面的技术标准。被认为是室内空气污染源的化学物质甲醛的发散最少的建材表示为"F☆☆☆☆"（通常称为 F4）。这种建材在使用面积上不受限制。

家具工程

对木工程中的地板、墙壁、顶棚等进行装修工程的总称即家具工程。

该工程中使用的材料在使用单一材料（基底材料多使用不易弯曲的集成材料）的时候，需要观察木材的截面，并根据使用的位置判断材料是否合适。木材的截面包括直木纹、不均匀木纹、杂色木纹等类型。其中，直木纹是在年轮上以接近直角的角度锯得的材料，由于其裂缝、弯曲等情况较少，因此通常作为优等材料使用。不均匀木纹是在年轮上以接近平行的角度锯得的材料，由伸缩造成的弯曲较大且容易产生裂缝。杂色木纹主要包括接近树根的部分或不规则生长的部分等，指的是从大型树木上取得的复杂形态的木纹，用于日式房间顶棚所铺的木板上。

木纹

不均匀木纹

◉ **不均匀木纹（板目）**

从远离圆木中心位置锯开后，年轮出现不平行的像山或笋的木纹。这种断面的木纹被称为不均匀木纹（板目）。

◉ **直木纹（柾目）**

从靠近圆木中心位置锯开后，木材表面呈现出规则的平行线，这种断面的木纹被称为直木纹（柾目）。

用于柱等构造材的角材上的四面都是直木纹的叫做"四方柾"；另外，两面是直木纹的叫做"二方柾"。

直木纹

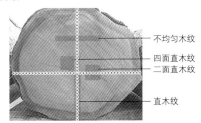

—— 不均匀木纹
—— 四面直木纹
—— 二面直木纹
—— 直木纹

室内空气污染症候群

室内空气污染症候群是指在房间内产生的，由于室内空气污染造成的倦怠感、晕眩、头痛、湿疹、喉咙痛、呼吸道疾病等损害健康的情况的总称。它主要指的不是单一的疾病，而是指身体的不适。

室内空气污染源之一是建材、家具、壁纸、涂料、合板、胶粘剂等中所含的挥发性化学物质（甲醛等）。同时，近年来住宅的高气密、高隔热性能提高的倾向使挥发性化学物质更难以排出屋外也是室内空气污染的原因之一。

吊顶龙骨（集成材）——

顶棚基础（吊顶龙骨。集成材）

—— 收纳内壁基础

▼ 与甲醛有关的室内装饰中的限制

甲醛的发散速度（注1）	告示中规定的建筑材料		受到部长认定的建筑材料	室内装饰成品限制
	名称	对应的规格		
0.12mg/m²·h超	第1类甲醛发散建筑材料	与JIS·JAS的旧E₂、Fc₂相同，无等级	—	禁止使用
0.02mg/m²·h超 0.12mg/m²·h以下	第2类甲醛发散建筑材料	JIS·JAS的 F☆☆	第20条5第2项认定（认可为第2类甲醛发散建筑材料）	限制使用面积
0.005mg/m²·h超 0.02mg/m²·h以下	第3类甲醛发散建筑材料	JIS·JAS的 F☆☆☆	第20条5第3项认定（认可为第3类甲醛发散建筑材料）	
0.005mg/m²·h以下	—	JIS·JAS的 F☆☆☆☆	第20条5第4项认定	无限制

（注1）测定条件：温度28℃，相对湿度50%，甲醛浓度0.1mg/m³（=参照值）。
（注2）对在建筑物局部位置使用且使用超过5年的材料无限制。

064 防水工程

POINT

防水工程的选择需要通过构造和基础的性质来进行判断

防水工程是指在屋顶、墙壁、楼板等位置设置不透水的膜，从而形成防水层的工作。防水工程工艺手法的种类包括膜防水手法（膜防水包括柏油、薄板、涂膜防水三种）、不锈钢板防水手法以及砂浆防水手法等。

柏油（沥青）防水

它是一种被普遍使用的、具有一百年以上历史的工艺手法。

它包括了将熔融柏油浸入合成纤维不织布中，待形成薄板状的表面涂层后，将其张拉层叠形成防水层的热工工艺手法；以及将改良柏油用火焰喷烧器进行熔接施工的火工艺手法。

另外，在施工时还有与基础密切相连的密接手法和为了防止防水层发生破裂所进行的特定绝缘手法。

薄板防水

用加工成薄板状的合成橡胶、盐化乙烯树脂、聚乙烯等防水薄板在连接墙底的位置制作防水层。由于形成的是单层防水，因此施工相对容易，工期也得以缩短。

涂膜防水

它是用液态防水剂进行涂抹或喷涂来形成防水薄膜的手法。因为是液态的，因此在很窄的地方以及复杂的形状下施工都比较容易。然而，由于它与墙底有着紧密的连接，因此会受到墙底运动的影响。

不锈钢板防水

它是从 1980 年左右开始被日本采用的较为新颖的防水手法。

在建筑现场将一定大小的不锈钢薄板进行熔接，形成不透水的防水层。在对于施工的设计上，需要考虑热伸缩运动的影响。

砂浆防水

用混合了防水剂的砂浆来形成防水层。

使用于规模较小的、较难发生裂缝的位置。

柏油防水

◉ 火工法（照片）

火工法是指用火焰喷烧器对建筑物的屋顶和墙体外壁进行熔接施工而形成防水层的手法。

形成防水层的材料是以合成纤维制的不织布等为基本材料，在其两面使用表面涂层的改良柏油做成的 2.5~4mm 左右的薄板。

◉ 冷工法

冷工法是指将橡胶柏油粘着层用表面涂层的改良柏油薄板进行张拉层叠的工艺手法。由于其与基础之间是软连接的状态，因此具有优良的基础龟裂追踪性。

◉ 热工法

热工法是指将柏油层面料或张拉层面料等进行熔融，制成用防水柏油进行张拉层叠的施工手法。

薄板防水（薄板材料的种类）

◉ 橡胶薄板防水

橡胶拥有骄傲的弹性，因此可以形成富含伸缩性的薄板。

根据这种特性，橡胶薄板适用于容易产生移动的钢筋骨架构造 ALC 屋顶上的防水。另外，EPDM 橡胶具有优良的耐候性。

◉ 盐化乙烯树脂薄板防水

薄板相互之间的结合可以通过熔接或用热融来进行，因此具有优越的施工性能。

由于采用机械的固定方法，因此不易受到建筑主体运动的影响。

◉ 隔热薄板防水（照片）

它是指在防水层的上方或下方进行隔热材料的设置。

通过隔热材料的设置，降低了炎热夏季室内温度的升高，从而达到改善室内环境的效果。这种薄板防水十分简单，因此被广泛使用，而改良柏油薄板手法、热柏油手法、聚氨酯涂膜手法等也适用于此。

隔热薄板防水施工案例

065 屋顶工程

POINT

屋顶背负着能够长时间抵抗残酷气候的使命，因此在手法选择上需要特别考虑包含维护管理等方面的内容

屋顶有着抵御风雨、日照等重要作用，因此，为了使建筑可以长时间保存，需要特别考虑屋顶耐久性的维持。通常屋顶工程多采用传统的木板屋顶、桧树皮屋顶，其他还有瓦屋顶、石棉瓦屋顶、金属板屋顶等。

瓦屋顶

制作瓦的材料包括陶器（黏土瓦）、石头（石瓦）、水泥（水泥瓦）、金属（铜瓦）等。

瓦的铺设方式包括用胶粘剂代替土使用来铺设的土屋顶；在屋顶板上铺上柏油屋面材料，在此基础上用钉子横向固定木栅，然后在栈上铺上瓦并用钉子固定的"挂栈"屋顶等。

瓦具有良好的耐火、耐久及耐热性，同时即便某一片瓦破损了，更换修理起来也比较容易，不过，遇到强风和地震时容易摇晃是瓦屋顶的缺点。

石板屋顶

石板包括使用天然粘板岩的石板和人工的石棉石板。一般情况下多使用石棉石板。石板与瓦相比重量较轻，耐震性也较好。

金属板屋顶

金属板屋顶使用的材料包括亚铅、铜、铁、不锈钢、铝板等。

"瓦棒"屋顶包括使用内衬木条的类型和用铁板加工而不使用木材的类型。

折板屋顶是指将钢板或树脂板制成折板状，并省略屋顶板直接在龙骨上架设的方法。这种方法需要考虑基础部分的热膨胀（强风导致的飞散事故多发）。

平板屋顶是指将长方形的金属板做出四方脊，金属之间相互挂拉的同时形成屋顶的方法。

立脊是指预先安装好吊钩，然后将长尺板的端部卷入的方法。

瓦屋顶

尽管瓦最早是何时制作出来的目前尚不明了，但现存世界上最古老的瓦出土自位于中国陕西省岐山县的西周初期宫殿遗址，至今约 3000 年历史。

日本制作瓦开始于 588 年。法兴寺（飞鸟寺）的建造（完成于 596 年）中就用到了瓦的工艺。

◉ "本瓦"屋顶

本瓦屋顶是瓦从朝鲜半岛传入日本起存在的形式，多用于寺院建筑和城郭建筑。一般以平瓦和圆瓦组合修建。

本瓦屋顶的断面构成 ▶

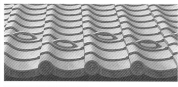

◉ "栈瓦"屋顶

栈瓦是指在 1674 年，由近江三井寺瓦匠西村半兵卫首创的方法。它是将平瓦和圆瓦结合起来，制成重量较轻且价格低廉的一枚瓦，并以民居为中心推广开来。

一枚瓦的成品例 ▶

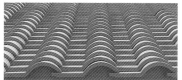

◉ "洋瓦"屋顶（照片为 S 形瓦）

洋瓦是指西方风格瓦的总称，包括平板瓦和 S 形瓦等。
平板瓦：将日式瓦中称为山和谷的凹凸部分改成平板状的瓦。不同的制造商有着不同的设计。
S 形瓦：S 形状的瓦。

石板屋顶

石板包括使用天然玄晶石制成的天然石板及将水泥在高温高压下培养，在成型后板状的合成石板上进行着色而成的装饰石板。装饰石板重量轻，耐候性和耐震性较好。而现在则多采用使用人工纤维或天然纤维来代替石棉所形成的无石棉装饰石板。

◀ 装饰石板屋顶

金属板屋顶

◉ 铜板屋顶

铜板自古以来被广泛使用。铜一旦产生铜锈就会变成绿色而形成酸化皮膜，从而变得安定。

◉ 采用镀铝锌钢板的立脊屋顶方法

在构造用合板特类（厚度 12mm）上铺设柏油屋面材料，然后用镀铝锌钢板形成立脊屋顶式样。
这种立脊屋顶重量轻、能够很好地应对强风、耐久性较高，且能够应用于坡度较缓的屋顶，具有较高的设计通用性。

◀ 抓脊机器

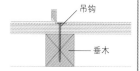

吊钩

垂木

POINT

由于设备的寿命与建筑主体相比较为短暂，因此需要考虑今后易于进行维护等方面的内容

以人体构造来比喻建筑中的各种设备，就像是大脑、心脏、肝脏等各种器官，以及连接各种器官的神经、血管等形成的网络。肌肉、皮肤相当于建筑的外壁和屋顶，骨头则相当于建筑的柱子和梁。

由于血管和脏器不出现在身体表面，因此难以了解它们的健康状况。这与建筑是相同的。

与建筑主体的寿命相比，机器类的建筑设备寿命较短，因此，若不能形成在状况不好或发生故障时便于维修的设置，就必须破坏建筑主体而进行维修了。

设备工程的种类

设备工程包括电气设备工程、给水排水卫生设备工程、空调设备工程、升降机设备工程、防灾设备工程、机械装置工程等。这些工程分别由不同

领域的专业人士负责进行。

由于各种设备工程需要根据建筑主体工程的推进进行调整，因此需要事先进行详细的磋商。另外，如果各施工者之间无法进行良好的协调，就会导致现场混乱、工程重新进行等情况的发生。

作为设备的通用事项，遇到防火区划连通的情况，原则上必须采用耐火、防火材料。构造体设置有套的情况，则需要做好强度增补工作。

在给水排水设备工程中，遇到进行上下层管线配置的情况，则需要设置管道空间（PS），并在PS中设置为便于今后维护而形成的开口。

这同样采用于状况相同的电气设备工程中，设置配管（EPS）。

在空调设备工程中，也需要有计划地设置为检修机器、管线的检修口。

管道空间（PS）

管道空间是为了贯通共用纵向管道而设置的，但在公寓等建筑中，纳入管道空间中的排水管、给水管等是非常重要的管线。

每户住宅为了收集厨房、浴室、盥洗室、厕所等的排水，都需要在地板下方确保横向排水管道的畅通。遇到住宅重修的情况时，住宅内为确保上下层排水而设置的管道空间会对房间结构的改变产生制约。因此，如果可以确保住宅外的排水管道，那么住宅的重修或维护都会变得容易许多。但是，为确保住宅外的排水管道，必须考虑排水所需的坡度，因此需要确保地板距离基础的高度。

如上所述，根据不同设备把握的手法，对整个设备工程的计划会产生很大的影响。

设备所需的梁贯通孔位置

当在构造主体上需要进行梁的贯通时，为了不影响构造本身，需要事先设计好适合梁贯通孔的位置，并进行适当的强度增补。

2009 年 10 月 1 日起，为使新建住宅的卖主（建设方、住宅建造者等）履行瑕疵担保责任制订了资本确保措施（缴纳保证金或加入保险制度）。通过这种方式，有关梁套的位置要求在不脱离建筑基准法的基础上进行现场施工。

◉ 关于梁贯通孔的一般要领

（a）梁贯通孔的大小要在梁的 1/3 以下（不是不足）。

（b）连续贯穿的情况下，贯通孔的中心间隔原则上要在孔径（Φ）的三倍以上。

（c）梁贯通孔的位置范围原则上如下图所示。

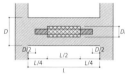

▨ 理想的范围
▧ 在 $\Phi \leq D/4$ 的限度下可能的范围

$500 \leq D < 700$	$d \geq 175$
$700 \leq D < 900$	$d \geq 200$
$900 \leq D$	$d \geq 250$

（d）依靠小梁的情况下，在如下图所示的小梁侧面至 D/2 范围内不设置贯通孔。遇到与柱子垂直的梁或小梁，原则上从表面起需要离开 1.2D 以上距离。

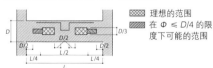

▨ 理想的范围
▧ 在 $\Phi \leq D/4$ 的限度下可能的范围

（e）孔径在梁 1/10 以下的情况下，原则上不需要进行强度的增补。

（f）孔的上下位置应如图所示设置于梁的中心附近。

（g）强度增补的钢筋应在主筋的内侧。

（h）在孔径为梁的 1/10 以下且不足 150mm 的情况下，可以省略增补强度的钢筋。

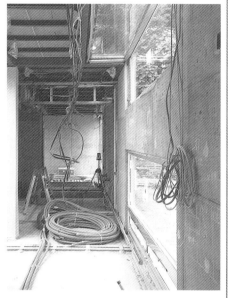

电灯配线工程

空调室内机的设置

地板下的给水管、热水管的配置

木结构住宅的职业和工程一览

鸢工
承担木结构轴组工法住宅的建设。工作内容包括地基施工（平整土地、挖掘）、滚运木材（木材的搬运）、脚手架的架设、上梁、祭祀（奠基仪式、上梁仪式、竣工仪式）等。

土工
地基施工（挖掘、铺设瓦砾石、混凝土的浇筑、桩基础等）。

钢筋工
基础和地面等的钢筋架构。

模板木工
基础混凝土模板的构架。

装修木工
方法、施工放线、建设方法、地板组合、房顶构架、轴组，进行内外部的修建工作。

屋顶修建工
用屋顶材料（瓦、石板、金属板等）修建屋顶。

钣金工
对屋顶、外壁、雨棚等的金属板进行加工、安装。

防水工
在阳台、浴室、屋顶等处进行防水工作。进行薄板防水、FRP 防水、柏油防水等的职业。

泥水工
在地面、墙面等处进行灰浆、漆喰、灰泥涂抹以及窗框周围灰浆涂抹等工作的职业。

石工
石材的铺设、张贴等工作的职业。

瓷砖工
贴瓷砖的职业。

板壁工
贴板壁材料（窑业系列、金属系列、木质系列）的职业。

涂装工
在木材、金属、内装的板类等处进行涂装。

内装工
与在墙壁、顶棚等安装十字架、安装地板材料、铺设地毯等装饰工程有关的职业。

金属家具工
窗框的加工、安装。

玻璃工
窗框、房间间隔等处的玻璃安装工作。

木质家具工
家具的制造、安装等。

美装工
建筑交付前进行的清洁工作（地板、玻璃、工程进行时弄脏的地方）。

水道工
进行给水、排水、热水等的管线及设备机器的安装。

电气工
进行电气的配线、配管、电视、电话、内线电话、照明器具、开关、插座等的安装工作。

空调工
进行空调管线及机器的安装等工作。

水泥预制板工
在户外进行水泥预制板的架构工作。

造园工
进行户外栽植工作。

◀ 钢筋工程

屋顶防水工程 ▶

◀ 主体骨架工程

涂装工程 ▶

◀ 家具工程

泥水工程 ▶

◀ 玻璃工程

户外结构工程 ▶

第 6 章　什么是住宅

067 什么是"住宅"

POINT

住宅首要考虑的是功能

勒·柯布西耶在他的著作《走向新建筑》中提出了"住宅是居住的机器"的概念。这一概念一般被理解为"住宅是省略无关紧要的要素而凸显其功能性的东西"。然而，勒·柯布西耶在他的著作中将这一概念解释为"机械是指宫殿那样的东西，而住宅是能使人从中获得感动的。"这种解释是针对当时（1920年代）旧建筑学家的暧昧的形式主义而提出的，将工学学者对美学的理解（鉴赏力）融入机械一词的概念，它宣告了与旧体制的诀别。机械即在美学的运动、秩序、计算中所伴随着的美的表现，是能够使人感动的东西。

日本的街道是在1970年代后期起通过住宅制造商和销售商提供大量的住宅群所构成的。因此可以说，日本家庭住宅给人的印象就是通过这些住宅表现出来的。这类建筑的评价标准主要包括了房间数、设备配置程度、功能性等。而有关功能性的内容，包括使用动线的便利度、维护的难易度、考虑环境基础上的能源供给、安定的温湿热环境、自然素材带来的舒适感等，随着时代意识的变化，价值标准也在改变，多样性逐渐增加。预计在今后，考虑地域性、风土性的住宅形态将会逐渐成为主流。

在提升住宅舒适性的同时，功能性的充实也是非常重要的。然而，在与该方向性不同的评价标准中，在创造丰富心灵的住宅上也是必要的。

前文所述的勒·柯布西耶的宣言到现在仍给予我们很多启示。

拉罗歇·让纳雷别墅（1923~1925年，法国巴黎）

该建筑位于长胡同的尽头位置。该建筑中有近代绘画的长廊，是由单身居住和拥有小孩的家庭两户住宅组成的，外观上看是两户一体的，但内部则是由墙壁隔开的。

由尽头处基柱支撑起来的楼层内部就是画廊。

室内装饰中开放的通风处、开敞的视线、斜坡、楼梯等采用了各种各样的手法，形成了建筑的散步道。

现在，该建筑作为柯布西耶财团本部使用（可以参观学习）。

设计：勒·柯布西耶

修当别墅（1951~1956年，印度艾哈迈达巴德）

照片：新居照和

柯布西耶最后的住宅作品。

该住宅原本是受哈丁辛格的委托进行设计的，但中途住宅主人变为修当，建造的场所也有所变化，与其对应的计划也或多或少发生了变化。

用来遮蔽阳光的百叶是在解读用地配置、太阳轨迹、风等要素之后进行设计的。

在了解印度高温多湿的热带气候风土和传统样式之后，进行了归纳，形成了各式各样的空间。

设计：勒·柯布西耶

068

日本住宅的变迁

6

日本拥有丰富的森林、河川及海洋等自然资源，环境的恩惠使日本出产丰富的木材资源，因此木质住宅得以建造。这类住宅的设置以地方的气候风土为导向。

日本住宅在建造时对四季中最少考虑的是冬季的寒冷。也就是说，如何舒适地度过夏天的高温多湿时期被放在重要的位置，而冬天则只要通过火盆等直接加热环境就可以了。在这种想法下，日本建筑产生了由梁柱形成开放性较好、高度较高的空间。

从明治时期进入到大正时期，从西方传来的文化及建筑技术等对日本建筑产生了各式各样的影响。在住宅方面，随着西方化的推进，房间的构成开始采用西方的形式，住宅从日式风格逐渐发展成日式和西式折中的形式。

1923年的关东大地震使东京遭受了毁灭性的打击。以此为契机,第二年,（财团法人）同润会成立,租赁住宅及以不燃为目的的钢筋混凝土公寓建造起来。1934年建造而成的江户川公寓作为当时配备了最新设备的公寓住宅受到了广泛的关注。

之后，同润会被住宅公社继承。1945年世界大战结束，为了补充因战争而毁坏的大量住宅，由住宅公社主导进行了新一轮的住宅供给。在这一轮住宅设计中采用了标准设计。在最初阶段，规定配置和室2间、厨房、厕所和玄关，但不设浴室。1951年食寝分离型住宅应运而生，1967年形成"DK+L"的设计标准，这一形式逐渐在独户住宅中推广开来。

现在，家庭构成已经与原来有了区别，因此，有必要开始摸索与这种固定形式不同的新的形式。

19世纪末期后日本住宅的变迁

19世纪末期起，伴随着西方文化的逐渐渗透，对于居住环境的讨论开始集中于日本住宅和西方住宅的比较。

该讨论是以西方的居住生活形式为前提，以包含过去和现在日常生活的改革为目的而进行的。开始是在建造城市建筑物时采用西方技术，而在住宅方面，则由当时的贵族、富豪等通过采用西欧形式建造和洋折中式住宅。

遭受到1923年关东大地震毁灭性的打击后，1924年便设立了"财团法人同润会"。

同润会是以关东大地震时从国内外募集而来的捐款为启动资金，于1924年设立的内务省社会局的外围团体（财团法人），是日本首个从国家立场出发的公共住宅的供给机关。

在同润会运营的18年时间里，建设了租赁住宅、按户出售木结构住宅、面向职工的按户出售住宅、军人贵族用公寓等总计2508户住宅，是近代公寓住宅的先驱。

昭和时期，沃尔特·格罗皮乌斯成立的造型·建筑教育机构"包豪斯"的近代合理主义思想传入日本，对建筑产生了影响。日式建筑的注重点从住宅样式转向了住宅的功能性，以起居室为中心的住宅形式逐渐渗透。1945年第二次世界大战结束后，为了补充城市住宅的不足，开始由政府主导的住宅建设。为了提高当时"临时木板房"的居住性和耐久性，发起了住宅金融公库，并设定了"木结构住宅建设标准"，进行了战后复兴住宅的建设。另外，在住宅公社的主导下，公寓住宅通过标准设计实现了大量供给（→015）。

1960年以后，日本进入高度经济成长期的大量消费社会，电器产品导致的生活方式的变化使住宅出现独立房间的划分、确保与居住人数向适应的独立房间等各种变化。

▲ 同润会上野毛公寓（1929年，东京都台东区上野）

目前（2010年）仍在使用的、现存最后的同润会公寓。一至三层为面向家庭的房间，四层为面向单身的房间，设置有公共厕所、公共盥洗室、公共厨房等。公寓居民的交流至今保存下来，公寓内部的使用状况也比较好，现在正在计划对其进行重新修建。

▲ 修复后的同润会青山公寓

株式会社森建设主持进行的旧同润会青山公寓重建工程是由建筑家安藤忠雄设计的，作为店铺与住宅的复合设施的表参道HILLS。附带这些设施，仅修复了旧同润会青山公寓最东侧的一幢住宅。

149

069

都市型独栋住宅

POINT

都市型狭小住宅的魅力

独栋住宅是指在一块用地上供一户居民居住的住宅。欧洲的都市大多由公寓住宅构成，但日本则多由独栋住宅成群构成。

城市中随处可见的独栋住宅展现了日本对于独栋住宅的执着和信仰。无论是城市还是郊区，任何地方建造的所有建筑都或多或少地受到周围环境的影响。特别是城市中的住宅多位于建筑密集的环境中，受影响的要素较多。遇到伸手就能够到隔壁住户的用地、面向车辆来往频繁的干线道路的用地、面积小的用地、呈三角形等不规则形状的用地等情况都并不算特殊。

在这样的用地环境下，很难通过住宅制造商等提供的房间格局标准化的住宅来构成，因此，有不少建筑设计的委托也从住宅制造商和销售商转向建筑学家。

这种城市中的住宅的特殊种类被称为狭小住宅出现在各类媒体上。不考虑周围环境和用地形状进行的计划相当于亲自放弃了住宅的可能性。狭小的用地和周围的环境不一定会成为建造建筑时的不利因素，恶劣的环境和特殊形状、狭小的用地有时会蕴含着新的住宅可能性。日本住宅的独特性从城市中这种狭小住宅中充分体现出来。

另一方面，郊外型住宅由于可以确保较大的用地，住宅制造商的计划也不存在问题。于是，郊外的住宅景观由住宅制造商建造而成。因此，在郊外住宅中很难看出作为日本住宅的独特性。

从狭小都市住宅"塔之家"（1966年，东京都涩谷区）中看到的东西

被称为"塔之家"的建筑是建筑家东孝光自己的别墅。建筑的占地面积不足 6 坪，在住宅各层分别设置一个房间，使空间纵向伸展。该住宅最大的特征是每层的房间都不设房门（浴室也不设门），为此形成纵向伸展的单一房间的大空间。有关视线方面，由于各层空间分离，基本上能够确保私人空间。而隔声方面，在《"塔之家"白皮书》中，住宅的主人有着以下描述：

"但是在声音方面完全是听得非常清楚的状态。起居室电视机的声音、聊天的声音，在最顶层的我的房间里全都能够听得非常清楚。相反地，我房间录音机的声音也可以传到最下层。但是，应对这种状态的方法是根据长年的经验将自身托付给自然环境中。电视机声音只要控制在一定音量范围内就不会影响周围的人，收音机的声音也是一样的。另外，从小培养的不为一点点声音而困扰（幼儿园时期住在嘈杂的车站旁，从那时起对声音就不太在意了），如果遇到无法忍受的声音时提出抗议就行，另外在听到感兴趣的话题时参与其中是最好的选择。小时候，我家经常有很多客人，每当那时，我就不会把自己关在房间里，而是走到起居室，在楼梯上坐着，虽然无法参与其中但也会认真倾听大人们之间的谈话。当然，也有无聊的时候，但大部分都是很有趣的话题。"

像前文所说的，"塔之家"因为舍弃了隐私，自然而然地酝酿了家人之间互相关心的氛围，并逐渐成为日常行为，从而形成了新的隐私。只有一室的房子所产生的家庭成员间的关系是在意识到当今住宅中家庭成员间关系的基础上被赋予期待的形式。

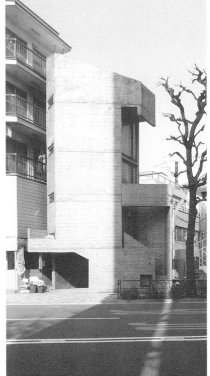

设计：东孝光（东孝光建筑研究所）
构造：钢筋混凝土构造
层数：地上 5 层、地下 1 层
占地面积：20.56m²
建筑面积：22.80m²
总建筑面积：65.05m²

儿童房
五层平面图

卧室
四层平面图

楼梯间
三层平面图

起居室
二层平面图

车库
一层平面图

收纳、工作室
地下层平面图

▼"塔之家"白皮书
东孝光 + 节子 + 利惠
（住宅的图书馆出版社）

151

070

集合住宅（公寓）

POINT

集合住宅最大的优点是可以形成地方自治团体且能够节约能源

公寓住宅是指在一栋建筑物中居住有两户以上住户的住宅形式。

从战后开展的大量供给型的集中居住形式到应对需求多样化的产生具有魅力的公共空间的准接地型住宅，为了创造更好的居住环境，进行了各种尝试。另外，至今为止对于住宅的一般性要求如住宅的大小、房间的数量也逐渐转变为如何应对特定居住者的家庭构成。

应对上述居住要求，除了多样化的设计之外，还可以看到考虑重建时灵活性的可变型构造。

日本有越来越多的高龄住户和单身住户，同时人们对于住宅的所有意识也在不断减弱。独栋住宅中由于家庭主人不继承而遭到弃置的住宅有着增加的倾向，从而引发了将来建筑物维护管理上的问题。

在日本各地的大规模新城中，独栋住宅的居住者搬到公寓住宅的事例非常多。理由包括经济性（公寓住宅由于墙壁、楼板、顶棚等都是共享的，因此对外部的热负荷相比独栋住宅来说要优越得多，如消费能源是独栋住宅的6成左右）、安全性、维护性等问题。

高效抑制能源消费是独栋住宅所没有的公寓住宅最大的优点。另外，形成居民间自治团体的建筑结构集体住宅（→075）等，在阪神淡路大地震之后也开始在日本建造并推广到各个地方。

积极创造集中居住的优点就是发挥集体住宅的魅力。

巨型住宅区（高岛平住宅区）中所见的课题

高岛平住宅区是 1960 年代后期开发的大规模住宅区，被称为当时亚洲最大的巨型住宅区。住宅区从 1972 年开始入住，当时吸引了很多年轻人入住其中。住宅区内大型超市、购物区、运动休闲设施、图书馆、警察局、消防局、政府机关等应有尽有。

然而现在的高岛平住宅区逐渐出现了居民高龄化、建筑物老化以及空置房屋增加等问题。这些问题也是全国范围内的住宅区都共有的问题。

因此，高岛平住宅区正通过高岛平再生项目进行面向区域更新的活动。

去往各住户的通道类型

去往各住户的通道类型大致可以分为楼梯间型和长廊型。

● 楼梯间型

楼梯间型是指不经过走廊，由楼梯直接连接到各住户的通道类型。

这类住宅一般为两户一体的塔式住宅，或是设置有多个作为垂直通道的楼梯间的两户一体的连续式住宅。

这种类型共用的通道面积较少，各住户的营私容易确保。常见于低层、中层住宅。

● 走廊型

走廊型可以分为只在走廊一侧设置住户的单边走廊型和在走廊两侧都设置住户的中走廊型。

虽然走廊型需要考虑面向走廊的住户房间开口部分的私密性，但由于这样可以提高户数密度，因此也得到了普遍采用。

常见的有共用走廊和小别墅组合的居住形式、单边走廊型和楼梯间型复合的住宅形式等。

超高层住宅则是，走廊单侧配置并排的住户。建筑整体的平面分为巨大的塔状"V"形，或者是住户围成圈状的中心型，以及空洞型。

组合不同功能的公寓住宅的尝试（东云运河苑CODAN）

它是由位于东京都江东区东云 1 丁目的三菱制钢的工厂旧址经再开发而诞生的巨大住宅区。楼房的高度统一为 14 层。中央区设置有贯穿南北的 S 形林荫大街，店铺、幼儿园、洗衣店等沿街开设，形成了街道型的城市规划。另外，住宅中结合了 SOHO 形式，进行了开放性公寓住宅可能性的尝试。

2005 年获得建筑·环境类/环境设计领域优秀设计金奖。

设计：基本计划/都市基础建设公社
　　　设计顾问/山本理显
　　　1 街区：山本理显、2 街区：伊东丰男、3 街区：隈研吾、
　　　4 街区：山设计工房、5 街区：ADH/WORKSTATION 设计
　　　共同体、6 街区：元仓真琴、山本启介、堀启二
　　　景观设计：On-Site 规划设计事务所

构造：钢筋混凝土构造、部分钢筋骨
　　　架构造
竣工：1、2 街区/2003 年 7 月
　　　3、4 街区/2004 年 3 月
　　　5、6 街区/2005 年 3 月

071

中庭住宅（Court House）

POINT

中庭住宅是将整片用地看作住宅的组成部分，并将其外部和内部作为整体进行设计

中庭住宅是指其两面及以上由建筑物或墙体等包围的、与中庭合为一体的建筑。

这种设计手法很早就出现在西班牙、希腊、罗马、伊斯兰国家、中国等世界各地，这种具有魅力的居住环境直到现在仍然存在。在日本，与中庭住宅类似的形态称为坪庭（注）或光庭。

中庭住宅最大的优点是在生活中不必在意别人的视线。建筑学家西泽文隆在他的著作《中庭住宅论——亲密的空间》的"技法"一项中指出，中庭住宅备受期待的是"将包括庭院和室内空间的整片用地毫无保留地全部作为居住空间来设计，屋外的剩余空间也全部作为住宅的一部分，从而在周围环境中创造自然与人、室内与室外紧密的关联"。

包含这些期待指出，要将整片用地作为一个完整的建筑来看待，在空间领域方面，进行设计时要将外部考虑在内，明确表现出中庭和室内设置之间的关联性。

例如，通过在室内装饰和室外空间装饰中采用同种或相似的材料就可以加强外、内部空间的联系，从而使空间得到扩张。

在街道景观的创造中，这种中庭住宅也易于构筑具有魅力的景观。

（注）坪庭起源于平安时代的宫殿式建筑。指的是宫殿式建筑中连接各建筑物的走廊空间。该空间起初被称为"壶"，后改为"坪"。桃山时代京都沿街房屋使坪庭样式得到推广。由于沿街房屋的构造通常是入口狭小但内部很深的"鳗鱼的被窝"，因此为了获得充足的采光和通风而采用坪庭这种方式建造。

中庭住宅3例

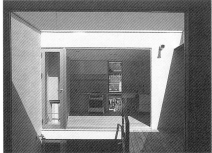

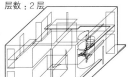

◀ 久我山的家
建于旗杆形用地上的都市型独栋住宅。
中庭面积：7.45m² (2.25 坪)
层数：2 层

▲ 中庭墙底部的开口为换气口

◀ 松代的家
郊外的中庭住宅。
中庭面积：13.24m² (4 坪)
层数：1 层 (部分 2 层)

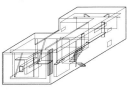

◀ 柳井的家
郊外的中庭住宅。
中庭面积：22.93m² (7 坪)
层数：1 层

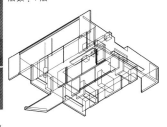

中庭住宅不会受到周围视线的干涉，可以确保隐私并创造出舒适的居住环境。

● 久我山的家：呼唤光和风的中庭

该建筑位于城市中常见的旗杆状用地上，用地的四周与邻地相接。由于住宅与相邻住户之间的距离必然很近，因此为了确保私密性，选择在用地的中央设计中庭，然后围着中庭配置房间。面向相邻住户的墙高度与屋檐齐平，从而阻挡相邻住户的视线。

● 松代的家：作为客厅延续部分的中庭

该建筑是郊外型的中庭住宅，为了扩展内部空间而设置了中庭。中庭既是客厅的延续部分，又是没有屋顶的客厅。

● 柳井的家：作为鉴赏光的空间的中庭(光庭)

用来鉴赏光而设计的"光的壁龛"中庭。

如同上述事例，建筑设计手法可以将环境改善得舒适而丰富。然而，在设计四面由墙壁封闭起来的中庭的时候，中庭高度越高，上方热量就越容易聚集，从而可能导致夏天不舒适的环境。因此，考虑中庭内绿化时，有必要考虑上部的热量聚集和通风，采取在中庭下方设置与室外相连的通风口等措施。

072 排屋（Terraced House）

POINT

通过确保构造的耐久性和设备的便捷更新等方法，可以发挥排屋的可持续性

排屋是指满足以下条件的住宅。

· 各户在此定居
· 并排设置专用庭院
· 连续建造（墙体共有）的公寓住宅
· 低层（1层至3层）
· 2户以上连续

排屋始建于19世纪的英国，是当时为贫苦劳动者大量供给的住宅形式。出入口狭窄且大量高密度建设，产生了较为恶劣的生活环境。

1950年代起至1970年代初期，这些住宅逐渐破败，新的非接地型的公寓住宅开始建设，然而，住户对这种不接地的环境感到不安，对住宅的评价并未得到定论。另外，治安的恶化以及住在高层的居民诉说精神上的不安的情况开始出现，之后，以高层住宅发生的瓦斯爆炸事件为导火索，临近拆毁的19世纪的排屋重新得到认识，并放弃拆毁而保留下来。直到现在，这些住宅仍然一边进行整修一边继续使用中。

在日本，1970年代建造了很多排屋，但现在有着减少的倾向。减少的理由主要包括构造耐久性较差，导致20年左右必须进行重建，却很难获得居民的同意，以及隔声性能方面的问题等。

1968年建于东京都杉并区的阿佐之谷住宅现在也正在进行开发。

排屋屋顶的轮廓、屋前的大庭院、住户之间恰到好处的距离感、住宅区整体的规模。该排屋凝聚着当时参与的众多设计者的思想并精心打造而成。50年前的建筑现在仍有着很多值得学习的地方。

"阿佐之谷住宅"的排屋（1958年，东京都杉并区）

阿佐之谷住宅是位于东京都杉并区成田东的总户数达 350 户的由日本住宅公社主持建造的按户出售型公寓住宅区。

斜屋顶排屋的设计是由前川国男建筑设计事务所负责设计的，于 1958 年竣工并开始入住，目前（2010 年）正在推进着开发计划。

形成该居住区魅力的是绿化丰富的公共空间、协调的住宅楼配置以及独具特色的三角屋顶排屋。

排屋如右页中介绍的那样，是公寓式住宅的一种，但 1 层和 2 层通常为一户居民拥有，并附有专门的庭院，因此其形态与独栋住宅相近，容易创造出住户特有的魅力。

压低屋顶高度的排屋单体的规模和专用庭院之间的关系以及沿着居住区内缓缓弯曲的道路铺开的排屋形成的韵律感等形成了居住区内愉悦人心的风景。

阿佐之谷住宅是在日本住宅公社成立初期进行的项目，它是可以看到参与其中的年轻建筑家们的气概和理想的少有的居住区。

规模：二层排屋 232 户、三四层中层楼 118 户
设计：日本住宅公社（负责人：津端修一）
前川国男建筑设计事务所（负责人：大高正人）

照片：志岐祐一

POINT

通过公共空间的设计创造出具有魅力的住宅环境

联排别墅是指与排屋相似的接地型住宅区，这些住宅均拥有独立的庭院，形成由独栋住宅连续而成的形态。

联排别墅与前文介绍的排屋的区别在于用地的共有性。用地的共有使住宅区内公共空间（这里指公寓住宅中居住者共有的空间）、社区设施用地以及设备的配置更为容易，有利于创造出优质的居住环境。例如，通过设置长凳、种植标志性树木、用砖或联锁块铺设共有部分的地面，可以确保其与广场及建筑的一体性。这样进行的计划可以提高居住者对共有公共空间的意识。另外，通过在公共空间和私人空间的边界栽种植物等方式来设置缓冲带或有意识地设计高差来使空间形成有机联系等做法进行具有魅力的空间的安排，努力使住户统一起来。

通过这样的设计能够提升居住环境品质，并对居住者自治社区的形成起到一定作用。但是，为了持续保持公共空间的魅力，有必要在规划阶段就对关于公共空间的维护管理办法方面进行充分的讨论，采取在联排别墅的居住者之间缔结管理协议等措施。

联排别墅通过公共空间的设计，相比以独栋住宅集合起来的住宅区更能形成富于魅力的街区。但是，它与公寓的形态不同，通过连续的住宅必然形成具有一定规模的街道。也就是说，它必定会或多或少地对周边的环境产生影响。同时，联排别墅屋顶的设计通常反映了地域性，这可以说是考虑住宅对街道的影响层面上重要的设计要素。

公共空间的设计

配植象征树木松树的普通空间

▲ Green Heim 手代木第一、第二（1982 年，茨城县筑波市）
设计：第一 / 纳贺雄嗣
　　　第二 / 现代规划研究所　都市再生机构（UR）
构造：木结构（2×4）
层数：地上 2 层
占地面积：第一 /3997.91m² 　第二 /7214.15m²
建筑面积：第一 /1622.89m² 　第二 /2457.03m²
总建筑面积：第一 /2654.06m²（共 25 户）第二 /4651.87m²（共 37 户）

▲ 利用道路与住宅基底之间的高差设计
住宅底部的停车空间
道路面与联排别墅之间的高程差产生了起伏，使景观具有丰富的变化。另外，住宅楼的配置富于变化，形成自然的房屋排列。

2013 年，Green Heim 手代木第一、第二均迎来了竣工的第 31 年。直到现在，该地区的建筑物和公共空间等仍然接受着较好的管理，维持着良好的环境。
它是顺利创建居住者之间共有意识的案例。

◀ Green Heim 手代木第一
在公共空间内配置长凳，地面由联锁砌块（混凝土砌块的一种）铺设而成。

◀ 在公共空间和私人空间的交界处设置植物等构成的缓冲带

159

074

合作式住宅
(Corporative House)

POINT

由居住方主持建造的合作式住宅是指能够获得符合自身生活方式并与感性认识相结合的住宅

合作式住宅是指由意向入住者集合起来形成组织，然后由该组织作为建设方取得用地、选择设计者、安排施工人员，并在住宅建设完成后参与管理的公寓住宅。

合作式住宅起源于200多年前英国的建筑合作社，即合作社成员成立的相互金融之家。相互金融是指由合作社成员共同积攒建设资金，并在每当建设资金充足时就按顺序建造住宅的方法。进入20世纪，这种住宅形式在德国及北欧各国发展起来。现在，合作式住宅在德国的比例占到了全部住宅的10%，在瑞典等北欧国家及纽约等地区其所占比例甚至达到了20%。

一般的按户出售公寓是由建设方进行规划设计的，因此无法反映居住者的意见，但由居住者参与建设的合作式住宅则是通过与设计者长时间的直接沟通来进行设计的，因此能够获得符合自身生活方式和感性认识的住宅。另外，由参与者直接获得土地并直接进行工程的承包，对公寓的开发和广告费的削减方面都比较有利。

同时，由于住宅是由所有参与者互相协调、共同建设的，在该过程中，居住者之间形成了良好的自治社区体系，便于入住后顺利进行管理。

但是，这种做法一直没有得到推广的理由主要包括：首先，与现行的按户出售公寓相比，这种类型需要花费更多的精力；其次，从规划到竣工需要耗费很长的时间；再次，从该住宅上得不到与所花费的时间和精力相匹配的经济利益。近年来，一般的按户出售公寓也开始提高室内装饰的自由度，通过骨架结构和内部空间来推动销售。供应商对住宅的思考方式也逐渐开始产生变化。

日本合作式住宅的历史

最初的日本合作式住宅是 1968 年由 4 位建筑学家因考虑到"共同买入土地会比较便宜"而在东京千驮之谷建造的建筑。

随后，在 1970 年住宅金融公库认可了对小型住宅可适用个人共同融资，从而合作式住宅开始迅速普及开来。

之后，建设部（现国土交通部）专门委员会在报告书中制定了相关导则，全国性的协调组织也相继诞生，合作式住宅的建设环境逐步改善。

合作式住宅的魅力

合作式住宅具有独一无二的魅力和优点。

合作式住宅拥有赞成在此共同居住的居民之间良好的关系基础，因此能够形成比较稳定的街区。同时，这种居民之间的关系也降低了安全方面的风险。合作式住宅的有趣之处在于它可以孕育出一个街区那样的功能，因此

富于魅力。

相反地，难点在于从规划到竣工都需要通过协议认可，因此会耗费较长的时间。集中对外观、公共空间等的意见、统一规则等都需要花费时间。如果同意的人数少于必要人数，也会存在计划中止的情况。

◀ 经堂社（2000 年，东京都世田谷区）
该建筑是采用消极设计手法设计完成的合作式住宅。建筑整体由绿化覆盖，呈现出森林的样子。另外，该合作式住宅还采用了"筑波方式"（见下文）。
主要用途：公寓、环境共生型合作式住宅
构造：钢筋混凝土构造
层数：地上 3 层、地下 1 层
占地面积：784m²

什么是筑波方式（Skeleton 定期借地权）

伴随着 1992 年借地借家法的修改诞生了定期借地权制度。该制度包括借地期 50 年以上的借满规定时间后必须返还的"一般定期借地权"（借地借家法第 22 条）、经 30 年后建筑主人可以进行购买的"附带建筑转让特别约定的定期借地权"（同 23 条）以及 10 年以上 20 年以内仅供企业使用的"企业用定期借地权"（同 24 条）。

其中，作为共同住宅（公寓）按户出售方式的一种，由 22 条和 23 条组合形成的便是骨架定期借地权即"筑波方式"（附带建筑转让特别约定的定期借地权）。因其是由建设部（现国土交通部）的建筑研究所（茨城县筑波市）和民间企业共同开发的方法，因此被称为"筑波方式"。骨架定期借地权公寓由于采用了定期借地权，因此可以以较便宜的价格获得；同时由于采用了合作式住宅的设计手法，因此居住者可以进行自由的设计。

公寓一般经过 30~35 年就会因为设备机器的老化而需要进行大规模的维修。按户出售的公寓由于维修费用很高，因此很难在居住者之间达成共识。然而在第 30 年时根据建筑需要的维修状况，产生的维修费用的 1/2 由土地所有者投入到购买建筑的款项中，那么如果不进行大规模维修则可以省去大笔开支。同时，建筑物维修事宜是直接与土地所有者签订合同的，因此也不一定需要居住者达成共识。

这种方式不仅在借地期间，在返还后也可以在健全的管理状况下居住，是对居住者和土地所有者双方都有较大益处的住宅供给手法。

筑波方式 I（1966 年，茨城县筑波市）▶
右图为以筑波方式建设的合作式住宅案例。为了提高室内设计的自由度采用了大跨距结构，确保了宽敞的室内空间。同时，为了确保设备的机动性设计了两套管道系统。
主要用途：公寓、店铺
基本计划：小林秀树
构造：钢筋混凝土构造
层数：地上 5 层
占地面积：1363.38m²
建筑面积：745.84m²
总建筑面积：2277.65m²

075

集合住宅
（Collective House）

POINT

集合住宅创造着新的地域自治体

集合住宅是指除了私人生活领域外，设置共有的公共空间，使居民能够一起吃饭、一起照顾小孩的公寓住宅。该住宅形式起源于北欧。

1930年代的北欧，随着社会制度的完善，女性在社会上逐渐活跃起来。而公寓内的家务劳动等逐渐开始委托给外部人员，从而形成了旅店式的居住形态。

针对极端家务劳动服务化导致的家庭生活缺失的情况，1970年代，女性上班族问题研究组织发起了"找回生活"的运动，以此为契机产生了集体住宅。

与合作式住宅通过土地共同买入、墙体共用等手法降低费用这种从建设着眼的硬性手法相对地，集合住宅是从居住者角度考虑的软性手法。

日本对集合住宅关注度提高的契机是阪神淡路大地震后不得不开始接受共同生活。从那时起，日本各地也开始建造集合住宅。然而，日本建造的集体住宅主要服务于高龄人员。

2003年，日本最初的供各年龄段人群居住的集合住宅建于东京都荒川区，名为"KANKAN森"。

在该集合住宅内居住着从0岁至81岁的36位居民，形成了可以一起在公共空间做饭、吃饭，在菜园、阳台聊天的居住环境。

现在，还有在宿舍等小型公寓中将公共空间（工作室）设置在主要空间的提议。集合住宅的范围逐渐得到推广。

集体住宅的定位

◉ Room Sharing

住在同一住宅中，个人隐私较难保障。

◉ 合租房

指由最低限度独立房间和从房间延伸出来的公共空间共同构成的大房间。最低限度的独立房间指的是起居室兼卧室的整个房间，除独立房间外的公共空间包括客厅、厨房、浴室、厕所、储藏室等。

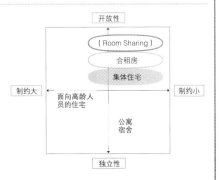

作为共用工作室的场所建设的"横滨公寓"（2009年，横滨市）

▲ 居住者可以通过公共空间内的专用楼梯到达各自的房间

该建筑是面向年轻艺术家的公寓住宅，公共空间形成特殊的工作室（工作场所），从一定程度上是接近集体住宅概念的住宅。

公寓的1层设计了半屋外的工作室，并设置有岛式的厨房和厕所以及用公益费购买的机器。该区域为居住者共用的制作、发表及生活的场所。

在该公共空间中举办了多种多样形式的活动，也成为了居住者、当地居民、活动参与者等的交流场所。

设计：On-Design Partners
设计合作：坂根构造设计
构造：木结构在来工法、地上2层建筑
占地面积：140.61m²
建筑面积：83.44m²
总建筑面积：152.05m²

日本最初的多世代型集体住宅"KANKAN森"（2003年，东京都荒川区）

该建筑是上层为高龄者住宅、1层设有内科诊所及幼儿园，还有供居住者共同使用的客厅、洗衣房、客房、菜园等的集体住宅。目的在于同时提供住户共同吃饭生活的自主活动和各户自身独立生活的两种体验。

咨询／（株）集体住宅

设计：小谷部育子·LAU公共设施研究所
构造：钢筋混凝土结构

076

长屋和町屋

POINT

长屋和町屋的更新能够引导街道创造新的价值

长屋

长屋是指由很多住宅水平方向相连的并且共用墙壁的长楼形成的住宅形状。东京都中央区月岛的街道至今仍保留着长屋的景象。

长屋形式产生于江户中期拥有 100 万人口的大城市。这些大城市的人口中近半数人口都争相聚集到不足江户总域一成半的土地上。长屋的面积较小，正面宽 9 尺（2.7m）、进深 2 间（3.6m）。屋内由玄关兼厨房的 1 席半榻榻米的空间和卧室兼餐厅兼工作室的 4 席半榻榻米的空间两个房间构成。当然，屋内没有衣柜等收纳空间，因此，被褥等也只能叠放在房间的角落。

町屋

町屋是指位于城市中心地区或中心城镇等地的都市型职住共用住宅及称为"仕舞屋"（不开店的一般住家）

的专用住宅。长屋是公寓住宅，而町屋是独立住宅。

町屋的特征是建于开间狭窄、进深较长的用地上，即通常称为"鳗鱼的被窝"的构造。

更新

长屋或町屋经过更新后重新居住及街道复兴中进行的景观保护等事例提高了重新认识建筑价值的可能性。

在空洞化不断推进的地方城市中心地区，关门的街道、空置的店铺、空地、弃置的残破建筑等问题日益严峻。因此，在各地方城市都开始了将残余的町屋进行改装或更新来重新吸引租客、重塑街道氛围的行动。

长屋和町屋的魅力在于它们具有木结构建筑独特的风格和感觉，而它们之间紧密相连所构成的景观也充分体现着历史性的风趣。

江户的长屋（东京都中央区月岛）

月岛附近于 1882 年完成了填海造地。由于是填海陆地，因此是一块几乎没有起伏的平坦的土地。江户时代的街区分割也运用到了月岛。因其没有在第二次世界大战时被大火烧毁，现在该地区仍然留存着当时的景象。尽管这里是高密度的住宅区，但仍然可以感受到良好的社区氛围。

◉ 栋割长屋（9 尺 ×2 间）

栋割是指为了在狭小的用地上接纳更多的住户而将屋顶的最高处隔开并背对背地形成房间的形式，这样形成了不仅与左右相邻，与背对背的邻家也紧密相连的构造。

◉ 割长屋（2 间 ×2 间）

割长屋指的是 1 楼为 6 席榻榻米大小的一间房间、2 楼为约 4 席榻榻米大小的房间且通过楼梯上下 2 楼的长屋。

◉ 表长屋（2 间 ×4 间半）

表长屋是指面向主要街道的长屋，多为经营糕点、日用或化妆品、杂货铺等的店铺住宅。

◀ 上图照片：长屋模型照片（东京都江户东京博物馆常设展示）
■东京都江户东京博物馆
墨田区横纲 1–4–1/ 每周一休馆
http://www.edo-tokyo-museum.or.jp/

土浦的町屋（茨城县土浦市）

面向霞之浦的土浦古时被称为大津乡，它作为霞之浦水运的要冲，商业发展兴旺。
在旧水户街道沿线残余的町屋中至今保留着 1833 年大火之后建造的四面涂抹泥灰的商铺房屋。

077 商品化住宅

商品化住宅是指追求住宅商品价值的包括预制装配式住宅在内的规格化住宅。

为了提高住宅的商品价值，进行了为发掘顾客需求的营销，将不同时期人们的需求考虑在内，并反映在商品中。另外，厨房及浴室的设计，材质、色彩、外观在设计上的反映以及索赔等方面也被寄予厚望来提升住宅的基本性能（隔声、隔热等室内环境）。

住宅产业的未来

至今为止作为独栋住宅主要购买力的 50 岁左右具有重建住宅需求的人群由于经济形势的恶化开始形成观望的倾向。因此，住宅制造商开始推出面向较少担心工作不稳定的 30 岁左右年轻一代的住宅商品。然而，30 岁左右一代所描绘的理想住宅普遍为设计豪华唯美的住宅，简单提炼的适应都市形态的通过住宅展示场所购买住宅的销售手段已无法适应。针对这些指向性变化后收获的"居住在城市中心的 30 岁人群"，住宅制造商和建筑家一起进行商品开发的案例逐渐增加。

另外，在整个屋顶上采用太阳光发电的面向零能源消耗的住宅、通过燃料电池来供给能源的住宅等开始普及起来。加上住宅的耐震性和耐久性及前文所述的环境技术性能等，住宅的性能得到提升，住宅的寿命也得到延长。也正因如此，住宅新建数量逐渐减少。从今往后，顺利构建以长寿化为基本的"持续性居住"体系、能够灵活应对生活方式及居住生活等需求变化的住宅体系、以及提高住宅作为产业的潜力等成为住宅产业未来发展的主要内容。

商品化模型（business model）的转换

日本住宅生产的工业化（预制装配式住宅）取得了提高生产性的成效。然而，伴随着少子高龄化带来的人口减少，新建住宅的数量有减少的倾向。至此可以看到以住宅存量不足时期确立的以大量生产、大量供给为前提的预装配制造商的商品化模型的极限。今后对于住宅的建设不仅要提出长寿化及节能设备的充实等目标，还要进入二手住宅市场，促进适合从流量到存量时代的商品化模型的转换。

"可持续居住"

为了应对少子高龄化所带来的新建住宅需求的减少，从资源有效利用的观点出发，有必要通过维护来对购得的住宅进行持续管理，顺利构筑起"可持续居住"（长期居住或转让给他人长期居住）的住宅体系。优质的住宅是实现长期"可持续居住"的前提。

◉ 内部空间的开放化

为了实现住宅的长期使用，将构造主体（Skeleton）和设备、内装分别进行管理的方法逐渐发展起来。
在构造主体方面，预装配制造商对构造主体的工艺手法不断进行着技术改良。
内部空间是维护的对象。制造商与住户等一直在寻求着降低维护费用的方法。在这种情况下，通过将每个住宅的构造、使用的建材、设备等进行数据化，并将数据开放，可以使制造商与住户进行各种形式的维护工作，并促进新人的加入，使市场更加富有活力。

资料：《关于今后住宅产业的理想形态研究会——讨论的中间成果》经济产业部

住宅展示场地指的是由许多住宅制造商各自摆放住宅模型的综合住宅展示场地以及某个住宅制造商直接经营展示的单体住宅展示场地。综合住宅展示场地具有可以对各个公司进行比较讨论的优点（上、下两幅照片均为综合住宅展示场地）。

功能性住宅

POINT

功能性住宅包括高龄者（老人）住宅、便捷型住宅、无障碍住宅等

功能性住宅是指拥有特殊功能的住宅，它包括以下几种类型。

高龄者住宅

最早的功能性住宅是建设于 1980 年代后期的高龄者专用住宅。现在的日本，家中有高龄者的家庭占到全部家庭的 3 成以上，且 2015 年将达到 4 成，其中约一半为高龄单身或高龄夫妇家庭。

以此为背景，考虑到高龄者生活的高龄者专用住宅采取附带护理、出租、专用、共用等方式进行建设。许多高龄者都希望能够在现在居住的住宅内继续居住下去，而今后不仅仅是继续居住，还需要将住宅改建为适合高龄者居住的住宅，这其中的新提议备受关注。

便捷型住宅

便捷型住宅是指为需要依靠轮椅生活的或腿脚不便的人提供的使其能够安全且自由享受日常生活的住宅。

便捷型住宅需要考虑保证能够使轮椅自由移动的走廊宽度、消除房间之间的高差、保证门面宽度、厕所的宽度、厨房和洗脸池下保留开敞的空间等内容。

无障碍住宅

无论是身体机能衰退的人或是健康的人都能享受到自由生活的住宅被称为无障碍住宅或长寿社会应对型住宅。

无障碍住宅通过将高龄者等的卧室与卫生间一起设置在一楼，缩短从厨房到餐厅、从盥洗室到晾晒台等拿着东西移动的距离，取消从门到玄关及玄关横框的高差，保证轮椅移动时走廊及卫生间的宽度等措施，旨在建造便于安全生活的住宅。

无障碍住宅"樱之家"

该建筑是作为高龄者独居住宅设计的。住宅一楼为儿子经营的整骨院（诊疗所），二楼为母亲的生活空间（专用住宅）。住宅为 RC 构造，采用薄板框架构造的门形架构形成的壁柱最大限度地减少了由柱型导致的死角的面积。通向二楼的通道考虑到住户为高龄者而设置了升降电梯。同时，为了更容易地来往于卧室、卫生间、盥洗室等地，采用了环形设计，地板的高差、门面宽度尺寸等方面也进行了进一步符合便捷型住宅的功能性设计。

构造：钢筋混凝土构造、地上 2 层
占地面积：103.46m²
建筑面积：65.67m²
总建筑面积：99.82m²

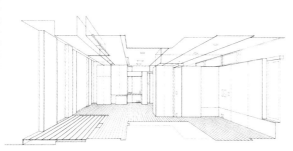

断面透视图

2层平面详细图

平面图标注：浴室　盥洗室　厕所　房间　客厅　电梯间　阳台

▲ 将浴室和盥洗室的地面齐平，盥洗室采用适合轮椅的关怀平台

▼ 卧室、厕所、盥洗室的门都设置为拉门并形成环形路线

诱导式设计（Passive Design）

POINT

不依赖于机械的诱导式设计需要对用地所在地区的气候风土进行正确的解读

"Passive"意思是消极的、被动的，它的反义词"Active"意思是积极的。

通常，住宅中使用的冷暖气设备是通过电力、燃气、灯油等提供的能量来实现其功能的。这种被称为主动式建筑设备方法。

诱导式设计是指不依赖上述机械力量，而是直接利用太阳热、太阳光、雨水、风力等自然能源来解决建筑耗能的建筑设计。进行诱导式设计时，需要对用地的环境特性、气候风土等进行正确的解读。对建筑主体的设计需要调查随季节变化而变化的风、湿度的高低、日照时间、用地形状、相邻的建筑、植物等是否会对建筑产生影响。

这种诱导式设计手法并不是最近才形成的，而是从很早起就在民居建造中运用的手法。

"当主屋所在的环境南面平坦、北面为山时，南面的庭院会受到日照影响而产生上升气流，北侧靠山一面则会有冷空气灌入室内，因此，可以设置南北向的通风口。另外，为了遮挡南面的热辐射，可以在主屋的南面设置绿篱来防止热量传入室内。由此，通过对周围用地环境的认真解读，可以形成正确的诱导式设计。"

右页记录的是将日本各地普遍存在的实例模型化之后表现出来的样子，并不是介绍某个特殊的案例。

由于通过诱导式设计形成的室内气候依赖于自然能源，因此温度的变化较为缓和。这意味着不对人造成压力，对人的健康有益。不依赖机械的住宅的舒适性得到了重新审视。

诱导式设计的手法

诱导式设计是指最大限度地利用用地固有的自然能源，并在保持与环境相协调的基础上进行建设的设计手法。

◉ 尝试利用自然能源的概要

- 为了舒适地度过夏天、引入自然风以及在冬天不让热量流失，需要掌握好随季节变化而改变方向的季节风来进行房间开口设计。另外，还要验证植物的防风和通风效果。
- 为了引入冬季的太阳热、防止夏天室内温度的上升，为了遮蔽日照，需要在住宅的开口处、房檐、外部结构等方面花心思进行设计。
- 通过设计高窗采光等，积极地引入太阳光，尽力减少在白天使用照明设备。
- 通过研究住宅的气密性及隔热性能来减少室内热量变化。
- 利用地下热及地下水来纳凉、供暖。
  上述条件会因用地环境的变化而变化，通过对每个条件研究的叠加、讨论过去的气象数据、尽量减少每年的变动因素，进行最适合的设计。

▲ "经堂社"（→074）中体现的诱导式设计手法

作为公寓住宅（合作式住宅），通过使用植物（落叶树）进行积极绿化来形成良好的微气候环境。另外，考虑到冬天的日照，配置内部较深的共用庭院，引入风的通道，发挥其作为自然空调装置的作用。为了在建筑主体内保留住冬天的日照和夏天夜间的冷气，还采用了外部隔热手法。

计划：Coordinate　照片：(株) Teamnet

住宅周围的树林（"屋敷林"）是诱导式设计

农村地区随处可见的住宅周围的树林具有怎样的作用呢。一般来说，这类树林被认为是防风林，但实际上它承担着多方面作用。

◉ 防范作用

这类树林具有防风、防沙、防潮、防尘等作用，并具有防止大火蔓延的防火效果。
另外，在贴近河川且过去洪水频发的地域，可以在河川上种植树干粗大的树木。目的是从流木中保护主屋。

◉ 对住宅的作用

通过住宅周围树林的设置，夏天，由于植物的蒸腾作用可以吸收周围的热量，因此可以缓和夏天的酷暑。另外，可以防止冬天季风的影响，保障安定的环境。

◉ 作为后山的作用

住宅周围的树林也被称为"山"，在山林地区具有作为农户后山的作用。从树林中获得的落叶、树枝和长成的木材等可以作为浴室和厨房的燃料；阔叶树的落叶在作为燃料使用后，它的灰还可以作为肥料使用。树林中种植的杉树还可作为住宅增改建的材料，例如榉树可以用作室内装饰、胡桃树和栗树可以用作地基铺设。另外，果树还可以食用，因此具有后山的功能。

住宅周围的树林潜藏着对各种自然能源利用的设计——即诱导式设计。在城市空间中也可以看到将这种住宅周围树林的功能积极地运用到公园及建筑外部的植物种植中的事例。

080 零能耗住宅

POINT

零能耗住宅不仅适用于独栋住宅，在公寓住宅中也诞生了各种各样的模型

零能耗是指每年的能源消费与发电能源之间的收支为零的情况。通过高气密、高断热性的施工、通风廊道的设置、冬天日照能量的吸收及夏天日照的遮蔽等诱导性设计，通过采用太阳光发电、地热、空气热、排热等各种各样的能源供给方法来抑制能源消费，使能源收支为零。目前，预制装配式住宅制造商等都在进行着各种尝试，并在市场中实际销售。

零耗能住宅区

2002 年，在英国伦敦西南部由可再生能源专业顾问公司和建筑学家共同建设了被认为是先驱式的尝试的"贝丁顿零能耗社区"。该住宅区是由 80 户住宅和供 200 人工作的办公楼及工作空间构成的。

贝丁顿零能耗社区这一项目的宗旨是以"易于可持续的、富于魅力的、能够购买的"为目标，通过可持续的方法来经营生活。

将居住地和工作地建于同一片用地内是为了消除因通勤带来的能源消耗。社区中的标志性设计即设置于屋顶上的色彩斑斓的换气塔群形成了使包括公寓、公馆及办公楼在内的 1600m² 空间在不使用电力的前提下进行换气的系统。在建筑最上层设计的屋顶平台及屋顶上铺设太阳能板，同时设置发热和发电的机器、地热热泵以及利用废水循环等，对环境进行了全面的考虑。

另外，对于对环境及可持续性有兴趣的入住者，组织了电动自行车分享机构，并开展了各种教育活动。

贝丁顿零能耗社区（BedZED 社区）

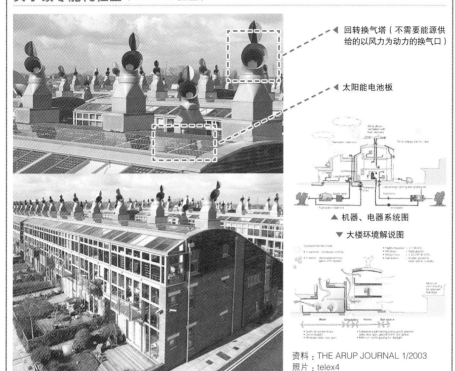

◀ 回转换气塔（不需要能源供给的以风力为动力的换气口）

◀ 太阳能电池板

▲ 机器、电器系统图

▼ 大楼环境解说图

资料：THE ARUP JOURNAL 1/2003
照片：telex4

上图中的回转换气塔（wind car）是使用风力换气的系统，不使用人工的能源。换气筒下方设置有热交换器，排气中所含的热量在此回收然后又重新回到建筑物中。
屋顶上设置的太阳能电池板超过 700m²。
外墙和内墙之间使用的隔热材料的厚度最厚的达 300mm，比欧洲的标准还厚。
外墙上紧密地铺设的砖及混凝土的顶棚等提高气密性的措施随处可见。

◉ BedZED 项目概要

建设方：Pibodei 财团、Bioregional
设计：building · Dunster
所在地：英国 · Hack bridge、Sutton

住宅制造商的零能耗住宅

MISAWA HOMES 公司于 1998 年开始出售世界上最早的零能耗住宅 "HYBRID-Z"。
2008 年，由 MISAWA HOMES 公司在北海道旭川市建造的零能耗住宅（试验楼）拥有相当于新时代节能标准 2 倍的隔热性能，并采用了在零下 25℃仍能发挥作用的热泵的冷热水辐射式冷暖气设备以及发电能力为 9.5kW 的屋顶全面高效太阳光发电系统。

该试验楼作为新时代的零能耗住宅，通过高效的能源利用来回收建设时的二氧化碳，住宅生命周期的能源收支也控制在零以下，同时，沿袭了该体系的木结构住宅 "SMART STYLE-ZERO" 也在 2009 年作为零二氧化碳排放、零能耗住宅进行销售。
人们对于住宅能源自给自足的意识也逐渐发生着变化。

081 生态气候设计（Bio-Climatic Design）

在日本，如果将在旧时的民居中所见的乡土环境形成技术作为第1代设计，那么20世纪建筑中所体现的伴随人工环境技术发展而将室内气候与外界隔绝开来所形成的人工环境就可以说是第2代设计。

技术的进展使我们无论在沙漠还是在极寒地区都可以不考虑地域环境而形成统一的室内环境。住宅等也进行了高气密、高隔热化处理，从而形成了与外界隔绝的人工环境。然而，这种做法引起了室内空气污染等问题的发生。

然而，在追求削减由能源的大量消耗产生的环境负荷的现在，从可持续的观点来看，也已经到了必须采取与至今为止发展支配环境技术所不同的、关注新的自然环境的时期。

生态气候设计作为第3代设计手法备受关注。

生态气候指的是由"bio"（生物、生命、生态）+"climatic"（气候、风土）的合成词"生态气候"的意思，指生态气候设计。

生态气候设计的特征在于它对于地域性、场所性的重视。

第一代乡土建筑是最大限度地发挥场所性潜能的设计。

第三代与第二代那种外界隔绝的室内气候不同，而是一种最大限度地发挥并利用该地域和场所的自然潜能的设计手法，同时也是一种充分考虑乡土性、形成具有缓和的微气候的室内环境、进行控制、提高居住环境质量的设计。

从传统民居中学到的生态气候设计（冲绳县中头郡北中城村：中村家住宅）

中村家住宅是重要文化财指定的富农住宅。

在南面坡度较缓的斜地被消除、另外三个方向堆起石墙且正面筑有石墙的用地上，至今仍完好地保留着包括主屋、"Ajagi"（相离的房间）、前屋、粮仓、"Ful"（猪圈）的附属屋（上述都是重要文化财）等房屋的整体构造形式。

这些建筑物是在 18 世纪中期建成的。建筑的构造受到镰仓·室町时代日本传统建筑风格的影响，并通过在各个部分加入特殊的手法，形成了独特的居住建筑。

住宅建造在削平并拓宽的南面缓坡斜地上，东、南、西面以琉球石灰岩筑成的石墙包围，石墙内侧种植了具有防风林效果的福木（注 1），用于应对台风。冲绳以南风为主，因此房间的设置需要考虑风的流通，向南敞开，形成通风的环境。

建筑都建造在较高的基础之上，以此防止雨水的侵入。低屋檐和"Amahaji"（注 2）可以遮挡强烈的日照，形成阴影。

冲绳的气象条件无论是风、阳光、气温、降雨等都十分严峻。可以看到，在这种传统的民居建筑的设计中很好地融入了当地的风土气候。

▲ 高仓
作为粮仓使用的高仓并没有采用冲绳特有的圆柱形式，而是采用了与住宅相同的棱柱。另一个特征是它的墙壁和地板都用木板铺设。屋顶内部的倾斜设计成防止老鼠侵入的"鼠回"。

[注 1] 福木
福木是原产于印度的小连翘科福木属的常绿乔木，因其能够抵抗强风而作为防风林栽种。

[注 2] "Amahaji"
"Amahaji"是指冲绳民居（主屋）的南面和东面（多数）的屋顶上伸出的房檐或房檐下的空间。通过被称为雨端柱的自然木材制成的独立木柱来支撑屋顶。它是内部空间与外部空间交流的中间地带，在没有玄关的冲绳特有的民居建筑样式中，不仅是接待客人的场所，还具有防止横向的风雨和遮蔽日光直射的效果，可以说是为抵御闷热而进行的设计。

◀ **中村家住宅配置图** 提供：中村家住宅

没有网格的房子（Off the Grid House）

"Grid" 是指电器、燃气、上下水道等集中的基础设施。

在大城市中的生活，通过 "Grid" 的连接使提供舒适的生活成为可能。在网络普及的现在，家电等设备机器甚至是小轿车都可以通过网络来进行最好的控制，抑制能源消费的被称为 "Smart House" 的系统的普及成为可能。什么家电在多少时间内会消耗多少能源都可以根据个人水平进行详细的评估。

"Grid" 和 "各" 的关联随着时代的进步，管理得越来越精细。

"Off the Grid House" 是指从上述集中的基础设施中解放出来。

从 "Grid" 的束缚中解放出来，以使用可再生能源（太阳光、风力、流水等）为基础的生活方式为目标，配备有自家消费型基础设施的自主独栋住宅被称为 "Off the Grid House"。

依赖风力和太阳光等能源，就可以避免由于时间原因造成设备无法使用的不便。

相对于从集中的基础设施解放出来所获得的充实感和便利感，不便之处在于没有监督和管理。

在 "Off the Grid House" 可以享受到非数值化的精神上的愉悦感。

Lemm Hut

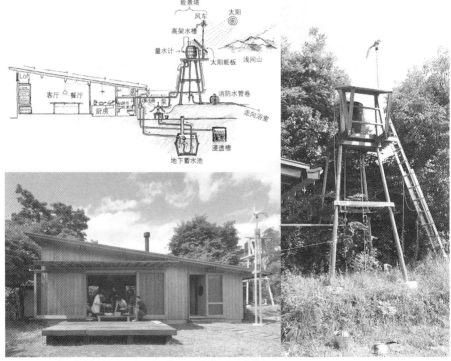

Lemm Hut 是建筑学家中村好文为实现建造电线、燃气管、排水管等都不联系在一起的住宅的愿望而设计的。

Limm Hut 是由中村好文从以前就住在这里的开拓者手中租借住宅和土地，仅保留承重墙后进行增建而成。通过太阳能电池板或风车进行蓄电。屋顶收集的雨水流入水槽当做生活用水使用。厨房用火采用了自己发明的七轮炉灶。浴室是烧柴的五右卫门浴室。

小屋的前面是宽敞的佐久平盆地。

照片：雨宫秀也
速写：中村好文

▲ 能源塔

配备有太阳能电池板、风车、高架水槽等。高架水槽的内侧使用了涂有砂灰的威士忌酒桶。

所在地：长野县北佐久群御代田町
建筑面积：约 50m²
用途：别墅
设计：中村好文
施工：丸山技研 +Lemming House
竣工时间：2004 年

第 7 章　什么是设备

POINT

向地球环境学习

地球是通过使从太阳获得的放射能量与地球所吸收的能量、反射的能量以及散失的能量之间达到一定的平衡来维持平均表面温度15℃的。

另外，地球自转产生的科里奥利力（转向力）会对喷射气流及洋流运动等产生影响。大气流动形成各种风来运送水蒸气产生降雨，降雨形成河川注入海洋。大气的循环、水的循环等保持着奇迹般的平衡，使地球环境得以维持。然而，人类生产出来的能源和消费的能源、制造出来的物质和废弃的物质等生产、消费、再生的循环目前仍处在探索的阶段。

建筑设备对于人类创造能源消费的理想状态十分重要。现在，人类必须直面目前的状况来进行设备的配置。

建筑设备的节能

有关节能的考量主要包括不使用能源、不浪费能源以及高效利用能源等重要内容。

体系的理想状态

有关理想的体系主要例举了通过冰蓄热和水蓄热来满足夜间电力使用从而减少电力消耗、能源利用的局部控制、用电峰值限制、机器台数的控制、大温度差空调系统、开放式网络等。

自然能源和废热的利用

主要考虑了对太阳光、太阳能、风力等自然能源及雨水的利用、空气冷气、通过废热回收冷冻机制取温水等措施。

合理化管理

主要推行了节水及熄灯等的设施管理、集中监视以及采用高效的机器等措施。

地球的能源收支

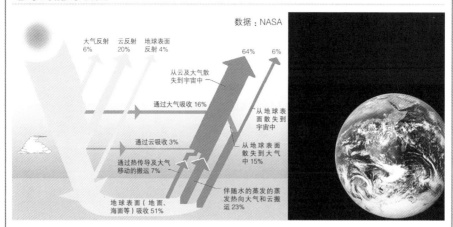

数据：NASA

注入整个地球的太阳能的平均反射率为 0.3 左右，注入地球的能源总量的 30% 被反射到了宇宙中，剩下的 70% 被地球吸收。

◉ 被反射的 30% 的详细内容

6% 经大气被反射。
20% 经云层被反射。
4% 经地球表面（地面、水面、冰面等）被反射。

◉ 被吸收的 70% 的详细内容

51% 被地球表面吸收。
16% 被大气吸收。
3% 被云层吸收。

◉ 被吸收后再被放射的 70% 的详细内容
被大气和云层吸收的 19% 全部被再次放射。
15% 由地球表面放射至大气后放射至宇宙中。
7% 伴随着大气的运动而从地球表面移至大气后放射至宇宙中。
23% 通过水的蒸发作为潜热从地球表面移至大气及云层后放射至宇宙中。
6% 从地球表面被放射。

[注] 地球处在自西向东的自转中，因此从低纬度地区向高纬度地区运动的物体受到自西向东的惯性力（根据发现该作用力的学者命名为"科里奥利力"）的作用；相反，从高纬度地区向低纬度地区运动的物体则受到自东向西的惯性力的作用。台风在北半球形成逆时针旋转的旋涡也是由于惯性力的作用。另外，不仅是大气，洋流的运动也受到惯性力的作用。

大楼设备的节能技术和效果

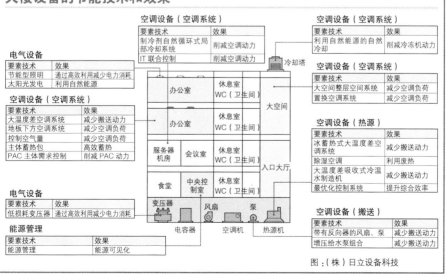

图：（株）日立设备科技

083

建筑和设备的生命周期

POINT

在追求建筑长寿化时，需要认真研究可能出现的设备维修问题

近代建筑是伴随着新建筑材料的应用和设备技术的进步发展起来的。而理想的设备技术也随着时代的变化从数量向质量再向与环境共生的方向发展。

至今为止以拆除重建为主旨的大量消费时代已经迎来了终结，因此需要考虑以建筑的长寿化为前提的理想建筑设备。

用人体来比喻建筑和设备的关系就好像是骨骼和脏器、皮肤和血管的关系。而就寿命而言，由于性质的不同，设备的生命周期比建筑的生命周期要短。为此，在进行设备规划的时候，需要事先设定建筑的使用年限，再考虑该年限内对设备进行必要维修的计划。同时，还要考虑维修工作对寿命比维修部分长的部件的影响，尽可能减少不必要的"连带工程"。因此，在

规划阶段就需要做好认真的研究。

在现实中，很多现存的建筑都进行着类似的"连带工程"。因此，在追求建筑长寿化时，为了便于设备的维护和维修，需要在设计中考虑建筑和设备各要素的分离，避免更换和维修等问题；另外，预见到将来设备性能的提高，可以考虑事先预留一定的备用空间。

现存的建筑由于没有考虑到上述问题，使得维修和更新变得困难，成本也相对提高，结果使较短的设备寿命成为了建筑的寿命，造成了很多建筑被拆除的案例。

综上所述，应该从设计的规划阶段起就对未来相关的维修进行全面、详细、反复的研究，从而促进建筑的长寿化。

连带工程

◀ 伦敦劳埃德公司大厦（Lloyd's of London）
（1986 年，英国）
劳埃德大厦是设备配管位于楼外的办公大楼。
纵横交错的管道和室外楼梯的不锈钢板给人
以石油联合企业强烈的印象。
拥有机械设备、电梯、大厅、卫生间、热水室、
逃生楼梯等服务功能的竖井独立设于建筑
外部。
该大楼进行了分层分区，使其从垂直构造体
的制约中解放出来，在维修时具有不影响其
他租赁人的优点。
设计：理查德·罗杰斯
用途：办公室
构造：钢筋混凝土构造、钢筋骨架构造
照片：Andrew Dunn

由于设备的寿命比建筑主体短，因此，相对长期使用的建筑，设备需要
定期的更新。
建造建筑时因未考虑到设备管线的寿命而设置了不恰当的隐蔽管线或不
恰当的收纳从而造成的在必要维修以外的工程被称为"连带工程"。
一般来说，建筑更新所需的费用比新建时更高。这是因为更新费用需要
加入上述的连带工程、支架的设置、现有的室内装饰及设备的拆除费用
等。因此，为了尽可能减少更新费用，在建筑规划过程中就需要考虑设
备更新的顺利进行，避免连带工程的发生。

◉ 避免连带工程的对策

① 结构主体的耐久性
- 提高结构主体的耐久性，研究如何防止劣化。
② 灵活性的确保
- 为了更好地应对将来的用途变更和功能提升，在层高、
  建筑面积、各层面积等方面保留一定的空间。
- 为了更好地应对将来的用途变更和功能提升，设定适
  当的地面荷重。
- 为了应对增建等情况，充分考虑建筑物的配置及构造。
- 充分考虑将来建筑的用途变更和功能提升，预先准备
  好应对设备与机器容量、配管和线路尺寸等的增加，
  研究如何确保空间等相关对策。
- 为了使局部更新变得更加容易，尽可能使用易于分解
  的材料和模数材料等。

③ 建筑材料和设备材料的协调、耐久性
- 为了避免在内部装饰与设备等使用多种材料的地方产
  生不必要的连带工程，除了要协调各材料的更新周期，
  还需要加强内部装饰与设备的体系化，使局部更新更
  为容易。
- 选择检查、更换比较容易的材料。
④ 确保维护管理的容易性
- 为了高效地进行建筑材料、设备机器、设备系统等的
  修补、更新、维护、管理等工作，需要确保适当的工
  作空间。
- 考虑到建筑设备的配管线路等的更新，设计时要确保
  其具有检查和维护的可能。

084

设备设计与管理

POINT

竣工后的运行检查也是设备设计中一项重要的工作

设备设计是指为了充分发挥建筑的各种功能而进行的设计。

对于设备功能比较复杂的建筑，普遍存在着使用者在使用的第一年内无法完全理解设备的功能，直到第二年之后才开始逐渐学会正确使用设备的情况。因此，对设备设计者来说，建筑的竣工并不意味着设计工作的结束。竣工仅仅是工作的中间点，竣工后的运行检查也是设备设计者的一项重要工作。

设备机器的选择

对于设备设计者来说，在选择机器时最重要的是在充分掌握机器性能的最新信息和知识的基础上，把握建筑所在的环境和建筑的个性，从多方面条件进行考察。

建筑各种条件的设定伴随着设计的进行而改变。正确判断并使用满足各种条件变化的机器非常重要。

今后的设备管理

通过开放型网络的促进，在设备机器上直接设置传感器，然后通过互联网络进行管理的手段，将成为今后设备管理的主流。运用这种管理方法，即使建筑物在较远的地方，工作人员仍然可以轻松地进行实时管理，从而使管理费用得到降低。

今后，设备机器上的传感器设置将更加精细，从而获得更加详细的数据。通过数据分析，不仅可以提高使用者对设备机器的使用效率，还可以给设计人员以反馈，创造出更高级的运用手法。

开放型网络的促进

在各类设施如商业设施、工业设施、公共设施、一般住宅等所使用的照明、空调、安保等机器设备，可以通过通信网络相互连接，并进行统一的管理、监视和控制。
然而，这种设备信息网络只能通过特定制造商的电脑及周边设备来构建，因此无法确保各系统间的联系。
另外，在维修和更新时，对于购买时只能选择某一制造商产品的用户来说，要与其他公司的产品进行价格的比较显得十分困难。

为了应对这样的环境，可以通过将国际上快速发展的标准化网络规格应用于所有的建筑物和设施中，使网络不再受到特定制造商的制约，从而促进易于网络设备更新、扩张、高效利用、节能、降低维护管理费用等的开放型网络的普及。

通过IT进行设备管理

如今，通过监视设备机器运行状况的传感器与网络相连，可以实时了解设备机器的运行状况。
采用这种IT监视系统可以在距离现场较远的地方确认设备机器的运行状况。因此，远距离监视法（Remote Maintenance）成为了新技术的关键词。
另外，使用IT将建筑物每天的状况用电子数据统计形成设备履历（将从设计阶段起至今的重要信息以建筑物诊断记录的形式保存下来）来进行管理的手法可以很好地把握建筑物的实时情况从而创造出更好的环境，其未来的发展也备受期待。

● 远距离维护（Remote Maintenance）

采用远距离维护的案例在各类大楼、工厂、制造业设施中都可以看到。
通过强化监视体制，可以达到较早发现设备机器的异常、防患于未然的效果。另外，通过对数据进行分析和解读，可以明确状况不好的原因及需要改善的对象。
同时，远距离维护还有利于更好地把握节能、低成本设备的运行效果。
另外，通过网络查阅运行数据，可以正确把握设备机器的运行状况，使日常管理更加高效地进行。

085

建筑设备工程师

建筑设备工程师是指具有全面的与建筑设备相关的知识和技能、并能给予建筑师正确建议的顾问资格

建筑设备工程师是指具有全面的与建筑设备相关的知识和技能、并能给予建筑师有关建筑设备的设计和工程管理方面的正确建议的、基于建筑师法的国家资格。

取得建筑设备工程师资格的人在经过 4 年的实践经验后可以取得参加一级建筑师考试的资格，或者不需要实践经验就可以取得参加二级建筑师及木结构建筑师考试的资格。

《建筑师法》指出："建筑师在进行大规模建筑或其他建筑物相关建筑设备的设计和工程监理时，必须听取建筑设备工程师的意见，并在设计图纸或工程监理报告书中明确其要点"。

另外，在《建筑基准法》规定的建筑确认申请书、竣工检查及中间检查申请书中，都必须明确记录这些要点（设备设计一级建筑师的资格概要 → 048）。

建筑设备工程师本质上是一种可以向建筑师提出意见的资格，而建筑设备的设计业务仅是建筑师的业务，建筑设备工程师本身并不被认可。

然而实际上，建筑设备工程师进行设备设计业务的情况已由设备团体亲自向国土交通厅公开而成为众所周知的事实。

以此为契机，建筑设备工程师是"在建筑设备设计工作中为建筑师提供意见的资格"这一概念得以明确，并因此重新创设了设备设计一级建筑师资格。

然而，也正因建筑师法的修改，使那些没有设备设计一级建筑师的设备事务所无法进行设备设计，一度引起了施工现场的混乱。

如何尽可能减少建筑师法修改后创设的设备设计一级建筑师资格人员不足的情况成为了主要课题。

"建筑设备工程师"和"设备设计一级建筑师"

● 建筑设备工程师

建筑设备工程师是指拥有全面的与建筑设备相关的知识和技能，并且能够在高度化、复杂化的建筑设备的设计及工程监理中给予建筑师正确建议的资格的人员。但是，建筑设备工程师不能进行建筑设计。

< 考试资格 >
① 拥有相关学历的人士。具体包括在大学、短期大学、高中及专修学校等学习过正规的与建筑、机械、电器等相关课程并顺利毕业者。
② 拥有一级建筑师等其他相关资格者。
③ 拥有与建筑设备相关的实际工作经验者。
① ～ ③ 分别需要有一定年数以上的从事建筑设备相关工作的经验。

● 建筑设备工程师登记制度

由（社）建筑设备技术人员协会进行登记。

● 设备设计一级建筑师

设备设计一级建筑师是以 2006 年 12 月 20 日公布的新建筑师法为依据创设的资格认定制度。
对一定规模以上的建筑物的设备设计，必须由设备设计一级建筑师对设备相关规定的适用性进行确认。
想要取得设备设计一级建筑师资格原则上需要拥有一级建筑师资格 5 年以上，并从事过设备设计相关业务之后，在国土交通厅指定的学习机构完成相关课程学习。

空气调和与卫生工学会设备工程师

空气调和与卫生工学会设备工程师是指由（社）空气调和与卫生工学会主办的与建筑设备中空气的调和、给水排水卫生设施的设计、施工、维护管理、教育、研究等有关的人员的资格，该考试从 1956 年（第 1 次）开始每年实施 1 次。

考试合格后经过在建筑设计事务所、施工公司、维护公司等工作 2 年以上，可以参加建筑设备工程师的国家考试并获得资格。

在必须有设备设计一级建筑师参与设计的情况下建筑设备工程师的地位

资料：新·建筑师制度普及协会

（1）设备设计一级建筑师进行设计的情况

（2）设备设计一级建筑师进行法律适用性确认的情况

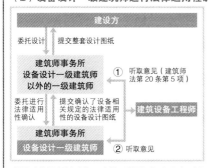

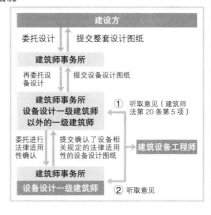

建筑师在依据建筑师法第 20 条第 5 项规定听取意见时，在设计图纸及工程监理报告书中应当明确指出已听取过建筑设备师的意见的事实。另外，在其他情况下也希望能够明确指出已听取过建筑设备师的意见的事实。

POINT

给水排水卫生设备对维持与生命息息相关的卫生环境的实现起到了重要的作用

从水源地取到的水经过净水厂的处理，再通过给水管道供应各个建筑物；使用后的水通过排水管道流出，经过处理厂的处理后排入河川中。尽管地球拥有约 14 亿 m³ 的水，但其中有 97.5% 是海水，仅 2.5% 是淡水，且淡水中的 70% 存在于极地冰川之中。因此可以说，人类目前仅依靠着地球上约 0.8% 的淡水作为生活水源。

上下水道的历史

在日本，早在 17 世纪中期的江户时代就已经建成了神天上水和玉川上水两个地下式给水管道，管道长度超过 150km，是当时世界上最大的给水管道。

排水管道方面，江户时代粪便等常作为农作物的肥料利用起来，因此并不存在直接排入河川的情况。但到了明治时期，由于人口大规模向城市集中，遇到大雨使家中浸水时，滞留的污水可能会导致传染病的发生，因此，1884 年，日本最初的排水管道在东京建成。然而，该排水管道真正意义上的建成是在战后城市中人口不断聚集之后。

水质标准

水质的标准在水道法及建筑基准法等中都有相关规定。在水道法中，水质必须符合该水道规定的水质标准。对于饮用井水（地下水）虽然没有特定的水质标准，但为了确认其安全性，需要和水道水一样进行水质检查，满足水质标准的水才可以饮用。

给水排水卫生设施

与建筑及其用地范围内的给水、热水、排水、通气等卫生环境有关的设备被称为给水排水卫生设备。这些设备对维持与生命息息相关的卫生环境有着重要的作用。

给水方式

给水方式主要有水管直通式、水管直通增压式、加压给水（水泵直送）式、高置水槽式等，通常根据建筑的规模来选择合适的方式（照片中为高置水槽式的案例）。

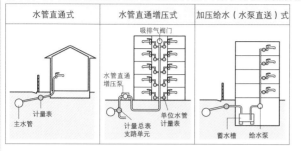

◉ 水管直通式

水管直通式是利用主水管本身的压力进行给水的最简单的方法，适用于独栋住宅的低层或小规模建筑。因其与水道水直接连接，因此不需要担心水质污染等卫生问题。断水时无法给水，但停电时仍能给水。

◉ 水管直通增压式

水管直通增压式是指通过在主水管引出的给水管中连接上增压给水装置（增压泵）来增加供水时给水管内的水压的给水方式。这种方式不需要设置水槽，因此管理起来比较方便，也不需要担心水质污染等卫生问题。

◉ 加压给水（水泵直送）式

加压给水式是指先将水道水储存在水槽中，再通过给水泵加压来给水。断水时水槽内所剩的水可以暂时给水，但停电时无法给水。

◉ 高置水槽式

高置水槽式是指为了获得必要的压力而在比给水高度更高的位置设置大型水槽的方式。该方式先通过水泵将水抽到水槽中，再在需要使用的时候通过重力给水。断水或停电时都可以用水槽中剩余的水来给水。这种方式不需要动力，因此比较节能，但必须定期对水槽及水质进行检查。

排水方式

排水的方式包括将雨水和生活污水共同从下水管道排放的合流方式以及在没有修建城市下水管道的地区通过分流仅排放雨水的分流方式等。
因此，需要根据各地区特征来选择适当的排水方式。
详见右图所示。

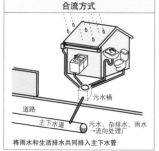

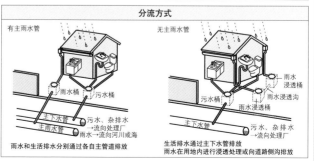

图：《世界上最易懂的建筑设备》

POINT

为了创造清洁且舒适的环境，需要对空调和换气等进行规划

为了舒适地生活在建筑空间内，必须随时保证室内空气环境的清洁。为了创造这样的空气环境，需要对空调和换气等进行规划。

室内空气污染

近年来，随着建筑的高气密、高隔热化发展以及新材料的使用，通过冷热空调对室内环境进行管理的手法使人们获得了舒适的居住环境。然而，与此同时却引发了室内空气污染症候群及化学物质过敏症等室内空气污染问题导致的疾病。为了应对上述问题，从国家层面制订了众多措施。厚生劳动部制定了《室内浓度指导》、《大楼卫生管理法》，国土交通部制定了《建筑基准法》、《住宅品质促进法》，文部科学部制定了《学校环境卫生基准》等法律基准。

空气质量

空气质量是指建筑物内空气中的气体成分。除了室内空气污染症候群等问题，美术馆、博物馆的收藏库或展示厅的空气质量也会对收藏品或展示品带来较大影响。应对空气质量问题的对策包括对温湿度及照明等进行管理、选择建筑材料、在空调设备中配置高性能过滤器来净化空气等。

快感空气调和（保健空调）

快感空气调和是指维持建筑物、车辆、船舶等人类居住的周围环境的舒适状态，确保健康高效的空气条件。因其具有保障人类健康和安全等意义，因此被称为"保健空调"。

另外，还有以工厂、食品储藏库、农园艺设施、计算机房、无尘室等的室内空气为对象的"产业空调"。

大厦空调的节能事例

通过用建筑调控热量和日照、促进建筑内部与外部自然环境的交流、构筑高效优良的系统等相关手法，摸索能够实现节能及提高就业环境的对策。

办公室内能量负荷削减（日建设计东京大楼，2003年，东京都千代田区）

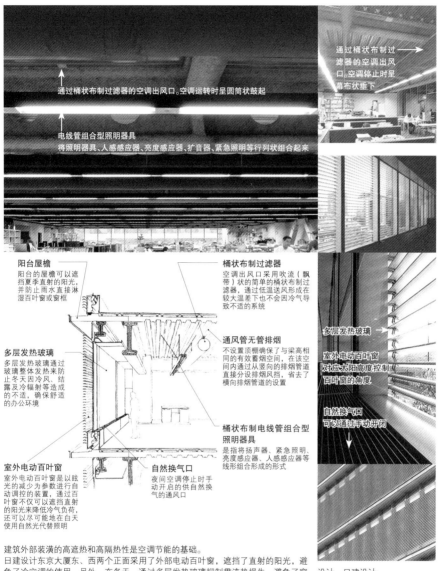

通过桶状布制过滤器的空调出风口。空调运转时呈圆筒状鼓起

通过桶状布制过滤器的空调出风口。空调停止时呈幕布状垂下

电线管组合型照明器具
将照明器具、人感感应器、亮度感应器、扩音器、紧急照明等行列状组合起来

阳台屋檐
阳台的屋檐可以遮挡夏季直射的阳光，并防止雨水直接淋湿百叶窗或窗框

多层发热玻璃
多层发热玻璃通过玻璃整体发热来防止冬天因冷气、结露及冷辐射等造成的不适，确保舒适的办公环境

室外电动百叶窗
室外电动百叶窗是以眩光的减少为参数进行自动控制的装置，通过百叶窗不仅可以遮挡直射的阳光来降低冷气负荷，还可以尽可能地在白天使用自然光代替照明

桶状布制过滤器
空调出风口采用吹流（飘带）状的简单的桶状布制过滤器，通过低温送风形成在较大温差下也不会因冷气导致不适的系统

通风管无管排烟
不设置顶棚确保了与梁高相同的有效蓄烟空间，在该空间内通过从竖向的排烟管道直接分设排烟风挡，省去了横向排烟管道的设置

桶状布制电线管组合型照明器具
是指将扬声器、紧急照明、亮度感应器、人感感应器等线形组合形成的形式

自然换气口
夜间空调停止时手动开启的供自然换气的通风口

多层发热玻璃

室外电动百叶窗
对应太阳高度控制百叶窗的角度

自然换气口
可以通过手动开闭

建筑外部装潢的高遮热和高隔热性是空调节能的基础。
日建设计东京大厦东、西两个正面采用了外部电动百叶窗，遮挡了直射的阳光，避免了冷空调的使用。另外，在冬天，通过多层发热玻璃抑制贯流热损失，避免了窗边热空调的使用。因此，空调系统无参数化，同时实现了大幅度节能和保障舒适性两大目标。另外，设置在建筑外部的自动控制型电动百叶窗不仅遮挡了直射的阳光，还达到了昼间照明和便于眺望的目的，通过与 Hf 荧光灯（高周波点专用型荧光灯）亮度感应器的调光控制相结合，对减少照明电力作出了贡献。
不设顶棚的标准层办公室的空调送风采用了从布的缝隙均等、缓慢出风的桶状布制过滤器，防止大温度差低温送风产生的对冷风的不适感，设计意向上也较为简洁。
顺便一提，因为对于同样的空调负荷，大温度差低温送风给气量较小，因此具有削减空调机扇消耗的电力能源的效果。

设计：日建设计
构造：钢结构（仅柱子部分为CFT造）、钢架钢筋混凝土结构、部分为钢筋混凝土结构
层数：地下2层、地上14层
占地面积：2853.00m²
一层建筑面积：1497.75m²
总建筑面积：20580.88m²
资料：日建设计

189

能量流

设备规划是指设计电力、燃气等能量流的工作

建筑通过设置的设备机器、传动轴、顶棚内侧和地板下方的设备空间以及设备相关房间等产生能量流，使设备机器能够运作起来。设备规划就是指设计这样的能量流的工作。

电力供给和电气设备

电气设备是由接收从电力公司传输过来的电气的受电设备、通过降压使电压适合所使用的电气设备的变电设备、动力系统和电灯系统、设置控制机器和安全装置等的配电设备共同构成的。另外，"智能网络（Smart Grid）"作为在接收电力时由供应方和使用方共同进行电力控制而形成的最优化系统，正在不断发展完善中。

电气设备是指为光（照明设备）、力（动力设备）、通信与信息设备等分配和提供稳定的电力，并将电能转换为光能或机械能等，为传送和处理信息服务的设备。

照明设备的设计需要考虑亮度、眩光、房间整体和工作台的亮度差、光的色彩、光源的摆动、维护性等因素。

燃气供给

燃气供给分为城市燃气和 LP 燃气两种类型。

城市燃气的主要原料是将液化天然气（LNG）气化后的天然气。目前使用的燃气规格大致可分为 7 种，但根据经济产业部的 IGF21 世纪计划，2010 年的目标是将城市燃气的种类统一为以天然气为中心的高卡路里燃气类型（13A、12A）。城市燃气的供给是通过燃气制造工厂和道路埋设管道（导管）实现的。

LP 燃气是液化石油的简称，一般家庭中使用的称为液化石油气。LP 燃气在储藏和配送过程中保持液体状态。

智能网络（Smart Grid）

智能网络（新时代送电网）是指电流的供应方和使用方同时进行管理的最优化送电网。它将专用机器和软件等作为送电网的一部分。

该系统是由美国的电力工作者提出的，正如"智能（Smart）"一词所表达的那样，通过搭载具有通信功能的人工智能的电力系统和控制机器等的网络化，保持从发电设备到末端电力机器通信网的连接，构筑可以自动调整供需的电力系统，使电力的供需平衡最优化。

由于该系统需要巨额的公共投资，需要推进计测机器、系统、设备工程等相关产业的发展，特别是要推进拥有这些产业的日本和美国等国家的官民一体化。

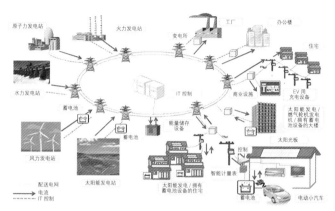

图：《面向国际化标准的新时代能源系统》智能网络概念图
经济产业部　有关面向国际化标准的新时代能源系统的研究会报告资料

智能住宅

目前，各住宅建设公司都在进行着智能住宅的实证实验。智能住宅是指通过 IT（信息技术）将家庭中的各种家电连接成网络，自动控制空调、电视等的使用，从而使住宅整体的能源使用最优化（抑制能源消费）的住宅。

◉ 目的（引用自经济产业部主页）

"未来开拓战略（J 回收计划，2009 年 4 月 17 日，内阁府经济产业部）指出，以 2050 年 CO_2 排放量削减 50% 为目标，可以通过积极转换生活方式和基础设施配置，将经济成长的制约转变为创造出新需要的源泉。

尽管我国在有关家电制品的节能技术方面处于世界领先水平，但机器单体性能的提升是有一定限度的，因此我们需要灵活运用能源等方面的需求及供给信息，通过建造最优化控制的住宅来验证其效果。具体来说，应对使用者多样化的生活方式，通过在外部控制采用家用太阳能电池及蓄电池等能源运作的机器、家电、住宅机器等，实现住宅整体的能源调控，这样不仅能够将家庭 CO_2 排放量减半，同时还可以根据从相连的机器获得的使用信息和使用者的喜好信息创造出新的服务。"

城市燃气和LP燃气的结构

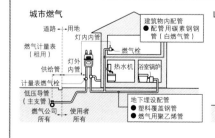

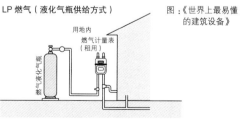

图：《世界上最易懂的建筑设备》

191

POINT

断热是为了减缓热移动、抑制热传导而采用的手法，遮热是为了应对辐射热而采用的手法

断热是指通过减缓建筑物内热量的移动，抑制热传导。遮热是指使热量无法靠近建筑物主体，反射受热光线，即应对热辐射所采用的方法。

断热

提高建筑物的断热性能可以抑制建筑物的能源消费，创造出舒适的室内环境。住宅中采用的断热手法包括有在柱子等构造材的空隙处塞入断热材料的填充式断热手法、在柱子等构造材的外侧张贴断热材料的外贴断热手法等。

一般认为，从窗户等开口处流失的能量占了总能量的 48% 左右。为了提高开口处的断热性能，可以采用断热性能较高的树脂窗框、木质窗框、铝与树脂混合而成的复合树脂窗框，玻璃可以使用多层玻璃、Low-E（低放射）玻璃、真空玻璃等，从而抑制能量的流失。

遮热

建筑上使用的遮热材料包括有遮热涂料、遮热薄膜、Low-E 玻璃材料等。

遮热涂料使用于屋顶表面，它可以反射夏季的太阳热，从而达到抑制表面温度上升的效果。然而，它与断热材料不同，在冬季没有保持室内温度的效果。

遮热薄膜是指通过在玻璃面上贴上一层薄膜，减少从玻璃开口处流入的热量，从而抑制窗户周围温度的上升。

Low-E 玻璃的种类包括为使透入室内的太阳热不流失而在室内一侧的玻璃的空气层上蒸镀上金属膜的高断热 Low-E 玻璃，以及为遮蔽太阳热且使室内热量不流失而在室外一侧的玻璃的空气层上蒸镀上金属膜的遮热高断热 Low-E 玻璃两种。

木结构建筑的断热

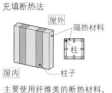

充填断热法

屋外 — 隔热材料

屋内 — 柱子

主要使用纤维类的断热材料，填充于柱子等构造部件之间

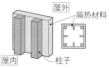

外贴断热法

屋外 — 隔热材料

屋内 — 柱子

将泡发类的断热材料等板状的断热材料贴于构造体外侧

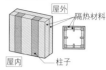

补充断热法

屋外 — 隔热材料

屋内 — 柱子

同时采用外贴断热法和充填断热法，适用于严寒地区

▲ 充填断热法（墙壁面为 100mm 玻璃绒）

◉ 充填断热法

充填断热是指在轴组材料及 2×4 材料的空隙处充填断热材料的手法。材料的种类包括玻璃绒、玻璃纤维等。玻璃绒是用玻璃纤维制成的棉状的素材，被广泛采用。

< 优点 >
- 能够缩短工期、控制成本。
- 施工方便，施工人员选择范围广泛。
- 易于应对复杂的外形。
- 蓄热量低，容易使地板变暖。
- 对外墙的装饰没有制约。

< 缺点 >
- 在构造体内侧张贴气密薄板可以一定程度确保气密性，但难以确保完全气密。
- 气密性较差的地方容易产生结露。

◉ 外贴断热法

外贴断热是在建筑主体的外侧贴上发泡树脂类的断热板的方法。外贴断热法在欧美是十分常用的手法，在日本也正在推广和普及中。断热板的厚度在 30~70mm 以上。

< 优点 >
- 热桥（heatbridge）较少，易于确保气密性。
- 能够确保配管、配线的融通性。
- 不易产生结露。

< 缺点 >
- 相比充填断热成本较高。
- 基础部分断热难。
- 断热材料的厚度和外部装饰材料上有限制。
- 墙壁厚度变大。
- 高气密，但湿气容易在室内滞留。为了排出湿气需要设计通风层。

钢筋混凝土结构的断热

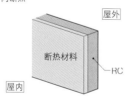

内断热

屋外

断热材料 — RC

屋内

在混凝土内部喷涂或粘贴上断热材料。注意热桥等

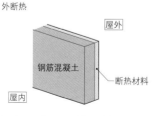

外断热

屋外

钢筋混凝土 — 断热材料

屋内

在混凝土主体上覆盖断热材料，也有保护主体的作用

遮热和遮热涂料

遮热涂料（高反射涂料）是指在涂料中采用红外线反射率较高的颜料来反射近红外线（热线），从而减少透过的热量的涂料。目前，市场上有涂料制造商生产的多种多样的产品。

多使用于工厂、仓库等金属屋顶的维修中。

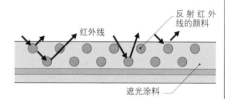

反射红外线的颜料

红外线

遮光涂料

090

未利用能源

POINT

积极使用未利用能源是在不降低生活品质的前提下推进节能的有效手段

未利用能源是指河川水、地下水等的温度差能源（夏天比大气温度低、冬天比大气温度高），工厂内生活、工作、生产活动所产生的废热等几乎未被有效回收且至今未被利用的能源。

未利用能源包括生活排水及中下水的热能、清扫工厂及变电所的废热、河川水及海水的热能、工厂内的照明及排水热能、地铁及地下街冷热空调的废热、冰雪的热能等。

在法国、瑞典、芬兰等国家，使用未利用能源的地区供热系统供热所占比例已经达到城市热需求的一半左右。在日本，以 1997 年起实施的《关于促进新能源利用等的特别措置法》为基准获得认可的计划，在采用新能源时对工作者及地方自治体进行帮助。目前，灵活应用海水、河川水、下水道的温度差、工厂排热等未利用能源进行地区供热的工作在各地实施。

另外，在以北海道、东北地区日本海沿岸为中心的暴雪地区，不断推进以地方自治体为中心，采用通过冰雪热来保存农产品（雪有合适的湿度可以保存农作物并使其不干燥）及将公共设施的冷空调等作为热源来组织利用等手法。

因为利用冰雪热可以不使用冷冻机或冷却塔，因此减少了运行时能源的供给，具有运行时的声音和废热较少的特征。

另外，在用雪直接热交换冷风循环方式中，通过湿的雪的表面吸附空气中的尘埃和气体，可以达到净化空气的作用，其应用于无尘室中也备受期待。

冰雪冷热能源

近年来，在北海道，利用冰雪冷热能源的设施变得十分常见。

◉ 直接热交换冷风循环方式

储藏积雪，通过风扇使空气得到循环，用于稻米和蔬菜等的冷藏以及为较大空间提供冷气的方法。

◉ 热交换冷水循环方式

经过热交换器提供融雪水给冷气机，为住宅提供冷气的方式。

北海道美唄市 1999 年建成的设有储雪库的出租公寓将早春的雪储存到储雪库中，通过热交换器将冷却的不冻液在 24 户住户的风机中循环，作为 7 月上旬到 8 月中旬的冷气使用。该公寓获得了 2002 年第 7 回资源能源厅长官奖。

◉ 自然对流式

不使用风扇等机械力，依靠自然对流进行冷却的方式。用于谷物和蔬菜等的冷藏。

温度差能量

海洋及河川的水温在一年内基本没有太大的变化，因此随着季节的不同会与大气产生温度差。使用热泵或热交换机可以将该温度差作为冷暖空调使用。

利用温度差能量初期的投资费用较高，因此需要寻求各种帮助措施。设备的导入需要研究热源发生地和热需要地的地理、温度差、时间等问题。

废弃物燃烧热能量

利用垃圾燃烧时产生的热能形成蒸汽，通过工厂自己发电来提供工厂内所需的电力，剩余的电力则出售给电力公司。给临近温水池设施提供热源等也有着增加的倾向。

▲ 直接热交换冷风循环方式

▲ 热交换冷水循环方式

▲ 自然对流式

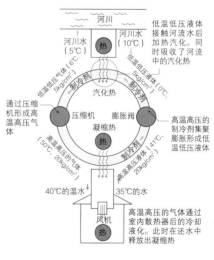

▲ 利用温度差能量热泵的构成
（散热器的情况下）

091

地热和雨水的利用

POINT

促进对日本丰富的地热资源和水资源等的积极利用

地热利用

日本是世界上著名的火山国家，这表明地下有着丰富的地热资源。这些地热资源可以用作闪电（闪光）发电、二进制（双重）发电、温度差发电等地热发电，也可以用来提供浴室、热水室、养殖产业、工业冷暖气、融雪等所需的热水，另外还可以形成利用地下热的热泵系统等，应用于各种各样的领域。

地下的温度全年都基本稳定。地下相比地上夏天的气温要低、比冬天的气温要高。利用这种温度差进行热交换，可以形成利用地下热的热泵体系形成冷暖气等系统。这种系统比利用大气温度差运行的空调体系效率更高。该系统的用途包括供应住宅及大厦等的冷暖气，供应热水、冷水、冷藏、制冰、游泳池温水等，以及车道等的无散水融雪等。

雨水利用

随着城市下水道普及率的提高，引发了集中暴雨时地下水的泛滥及逆流等问题。同时，随着道路面及停车场等铺设沥青、混凝土等情况不断普及，雨水很难渗透到地下，因此促使了城市中热岛效应的发生。

因此，可以通过用水槽来储存浪费掉的雨水达到节水的目的，同时通过不直接排放雨水到下水道中，而是慢慢渗透进去，可以避免下水道的泛滥和热岛效应的产生等。

在大规模的地震中，可以预测水道管破裂而使水道无法正常使用的情况。预先储存雨水，可以用作火灾等的初期灭火及卫生间冲水等，也可以用作紧急饮用水。1983年三宅岛火山喷发时，由于岛上的居民从很早起就有储存雨水作为生活用水的习惯，即便是水道管破裂也顺利地克服了困难。

地热利用"地热发电"

地球内部由地热能产生的地热资源分为通过从地下深处上升的热水来运送热量的对流型地热资源和不依靠热水的上升而是通过热传导来运送热量的高温岩体型地热资源两种类型。

地热发电大部分利用的是对流型地热资源，但从量上来看，高温岩体型地热资源更多，因此，目前对于这部分资源利用技术的开发正在逐步推进中。

对流型地热发电分为从桩井中仅喷出蒸汽的蒸汽卓越型地热资源和喷出混有热水的蒸汽的热水型蒸汽发电两种类型。

另外，使用氟利昂或氨等作为热媒体，用80℃以上的热量将氟利昂或氨等沸腾，然后使蒸汽涡轮转动的双汽循环发电是一种利用中间热媒体的方法。然而，由于双汽循环发电的设备复杂，成本也相对较高，因此在日本相关研究没有太大的进展。

虽然日本火山众多，地热资源也极为丰富，但在日本通过地热发电的总容量为561MW，仅排世界第5位，可以说这些资源并没有得到有效利用。

日本地热发电无法得到进展主要因为这些地热资源所在的位置一般为国立公园、国定公园或是温泉胜地，出于景观上的考虑，地热发电很难得到理解。

然而，地热发电不仅不易受到天气影响，同时也是不产生二氧化碳的纯国产可再生资源，因此今后若能够推进不利用温水资源的高温岩体发电，那么可以在国内增加38GW的可利用能源。

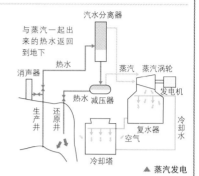

▲ 蒸汽发电

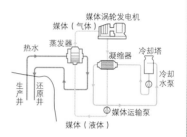

▲ 双汽循环发电

雨水利用"城市的微型水库"

巨型水库的建设不仅需要削山伐林、扰乱生态系统、投入巨大的建设费用，而且大水的不断冲击还会使泥沙冲入水库湖中，减少蓄水容量。

另一方面，通过各自储存雨水，即使仅计算城市中心地区独栋住宅的全年需水量也比国内水库的总出水量要高。即若各户都拥有家用雨水罐（城市的微型水库），那么就可以匹敌巨型水库。

水库的建设费用一般包括了从取水到净水厂的运送费用、净水相关的费用、配送到各户的费用以及能源成本等，然而微型水库的设置和管理都比较方便，也不会像水库那样由于堆沙而造成储水容量的减少，同时几乎不需要运送水的费用和能源，优点较多。

◀ 各种市场上销售的家用雨水储存罐

197

092 环保 Eco-cute、Eco-will、Eco-ice

POINT

利用热泵的电气热水器"Eco-cute"
使用燃气的发电、热水暖气机"Eco-will"
利用夜间电量的"Eco-ice"

Eco-cute

Eco-cute 是指将空气热通过热交换器聚集到制冷剂中，然后通过压缩机将制冷剂压缩并产生高温，最后通过高温的制冷剂将热传递到水中来煮水的方式。

尽管这种方式通过使用夜间电力减少了电费和暖气费，但为了追求高压性能，机械比较复杂，因此价格也就比较高。另外，设置方式也会产生低频噪声。

Eco-will

Eco-will 是指利用燃气发电形成的热水暖气系统。它是一种利用城市燃气或 LP 燃气在家中发电，同时利用发电产生的热来煮水的作为热水及暖气的家庭用燃气供电供热 cogeneration 系统。Cogeneration 这一名称是利用一种一次能源形成两种以上能源的"co（共同的）generation（发生）"的意思。

Eco-will 是一种通过有效利用发电时产生的废热而提高家庭能源利用效率的系统。然而，因为发电量并不多，因此无法成为主要的发电方式。另外，由于使用了燃气发动机，因此会产生振动和噪声。Eco-will 可供的热水比电的比例要高，因此适合使用热水较多的家庭。

Eco-ice

Eco-ice 是指利用价格便宜的夜间电力，夏天制冰冬天烧水，利用冷暖气的冰蓄热式空调系统。各电力公司都提供该系统。

Eco-ice 的蓄热运转在夜间进行，因此那段时间无法使用空调等设备。因此，该系统适用于夜间无人的办公室、店铺、学校、工厂等。

Eco-cute

● Eco-cute 的历史

"Eco-cute"是商品名称，实际上是热泵式热水器。热泵是作为空调技术的一种开发出来的，欧美国家从 20 世纪初、日本从 1932 年起，已经开始使用于个人住宅中。

热泵式热水器从 1970 年代早期就已经存在，但之后没能普及开来主要是找不到合适的制冷剂。

1930 年，美国用其发明的制冷剂氟利昂代替了之前无法杜绝爆炸事故的制冷剂，良好的安全性使其很快成为世界通用的冰箱和空调的制冷剂。然而，在 1974 年美国的 NATURE 杂志发表了假说（因为氟利昂安定性较高，因此会不在分解的情况下进入大气中的平流层，然后破坏臭氧层）后，采用氟利昂作为制冷剂越来越困难。1982 年，日本的南极探险队在南极调查时观察到臭氧层空洞的发生，并在其他调查中也确认了臭氧层的破坏。在 1987 年加拿大蒙特利尔举行的国际会议所制定的议定书中约定了实施特定氟利昂的阶段性规定。在此之后，成功研制了通过技术力量克服二氧化碳作为制冷剂效率较差等问题的产品，即"Eco-cute"。

● Eco-cute 供给热水系统

① 首先，转动风扇，将空气（大气）吸入热泵单元中。
② 通过制冷剂（Eco-cute 使用的是二氧化碳）附着并聚集收集到的空气热。
③ 收集的热气通过压缩机进行压缩。
④ 压缩后形成的高温热气输送到热水器中用来加热水温。
⑤ 制冷剂通过膨胀机膨胀，温度降低后返回到①中。

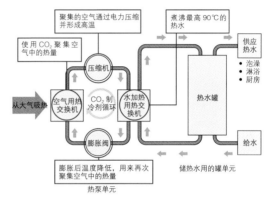

Eco-will 的优点和缺点

● 优点
- 利用发电时的废热煮水，有效地利用能源。
- 设置费用比较便宜。
- 配合使用的时间段煮水，生活模式越固定的家庭这种节约效果越明显。
- 由于可以配合使用的时间段煮水，因此是可以防止浪费的储热水型热水器。

● 缺点
- 发电效率比较低。
- 发电电力不能出售。
- 采用燃气发动机或多或少会产生振动和噪声等。
- 生活模式变动较为频繁的家庭节约效果不明显。

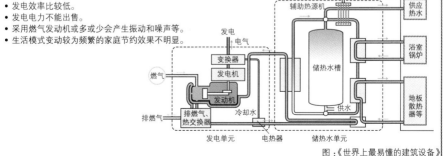

图 :《世界上最易懂的建筑设备》

093

地区冷暖气设备

地区冷暖气设备通过灵活运用未利用能源，获得较高的节能效果

地区冷暖气设备是指通过地区冷暖气机械设备产生冷水、温水、蒸汽等的热媒供应一定地区内的建筑群的系统。

地区冷暖气设备始于1857年德国的温水专用地区暖气。在美国，1877年纽约洛克波特的通过共用锅炉来给众多住宅提供蒸汽的案例被认为是最初的尝试。在日本，1970年大阪世博会会场内最先采用了地区冷暖气设备，随后千里新城和新宿地区等都开始建设地区冷暖气供应中心。

比较不同国家的地区热供应量，俄罗斯最大，之后为美国、东欧各国、西欧的德国和北欧的瑞典，日本位于第21位。

一般来说，住宅及办公室等的冷暖气设备都是各自分开的，而地区冷暖气设备通过采用锅炉或冷冻机等热源机器达到集约的效果，因此具有以下众多优点。

避免建筑物之间设备的重复建设，确保空间的有效利用；设有储存冷、温水的蓄热层，可以在灾害时用于防火及生活用水；能源的稳定供应及节能效果的提高；经济性和生命周期成本的降低等。

能源

地区冷热气设备能源的选择有必要通过采用以下对策，减少对化石燃料的依存度，保障能源的长期、稳定供应。

· 垃圾焚烧产生的废热。

· 废水、河水、海水、生活排水等所含的热量以及与空气的温度差的利用。

· 超高压地下送电线的排热。

· 因电脑、人体及照明等所产生的大厦内部废热。

· 地铁及地下街等产生的废热。

新宿地区冷暖气设备中心

新宿地区冷暖气中心是于1971年开设的统一承担新宿新中心地区的冷暖气的地区冷暖气设施。设施建设时具有强烈地改善高度成长时期的大气污染的意愿。1991年，为了应对伴随东京都政府的搬迁而增加的能源需求量又建配了新的设施，成为了世界最大的地区冷暖气设施。

该地区冷暖气中心，除了能够有效利用能源之外，还有减少环境负荷等众多优点，能够有效改善城市的环境并达到节能的效果。

地区冷暖气中心产生的能源被输送到包括东京都政府大楼在内的新中心区高层大厦中。配合东京都政府的搬迁，增设了采用最新技术的机械设备，新的机械设备拥有59000RT（约207000kW）的冷冻能力，是世界上最大规模的设备。

供给开始：1971年4月1日
供给区域：东京都新宿区西新宿
区域面积：24.3hm²（2008年3月末至今）
总建筑面积：2222630m²（2008年3月末至今）
供给建筑物：东京都政府大楼等（参见右图）

● 系统概要

该系统由以城市燃气为热源的水管式锅炉、额定能力1万RT（约35kW）的复水涡轮、涡轮器冷冻机及蒸汽吸收式冷冻机构成。

通过燃气涡轮·供热供电系统的电力在自家使用机械的同时，有效利用废热。

┌─ ┐ 供给区域
└─ ┘
------- 主要配管

① 中心的机械设备
② 新宿野村大厦
③ 安田火灾海上大厦
④ 新宿中心大厦
⑤ 新宿三井大厦
⑥ 新宿住友大厦
⑦ 第一生命大厦
⑧ 世纪凯悦酒店
⑨ 京王广场酒店
⑩ 京王广场酒店南馆
⑪ 东京都政府议会楼
⑫ 东京都政府第一本厅大楼
⑬ 东京都政府第二本厅大楼
⑭ 新宿 NS 大厦
⑮ 新宿 MONOLITH
⑯ KDDI 大厦
⑰ 栗田大厦
⑱ 东照大厦
⑲ 新宿公园塔
⑳ 山之内西新宿大厦

▼ 新宿地区冷暖气设备中心

新宿地区冷暖气中心的机械设备 - - - - - -

094

节能和创能

POINT

从节能到创能社会

日本的节能政策始于 1947 年的《热管理规则》和 1951 年的《热管理法》。这些法律主要用于确保当时作为产业能源使用的煤炭的有效利用以及作为治理煤烟的对策。随后,在经历了 1973 年和 1979 年两次石油危机以后,1979 年《节能法(关于合理化使用能源的法律)》开始实施,同时《热管理法》被废除。从那时起,节能一词开始频繁出现。

优先发展经济而缺乏对环境的考虑所导致的问题在社会中通过各种各样的形式表现出来;同时,在经历了石油危机后,对于石油等资源量有限的石化燃料的节约意识也普遍提高,促进了能源使用的合理化发展。随后,1992 年召开了地球峰会,1997 年通过了《京都议定书》。公约中明确了日本

至 2005 年第 1 次温室气体削减目标为降低 6%。另外,节能法也在经过 1999 年和 2003 年两次修改后,于 2009 年在原有产业部门的基础上增加了能源消费量大幅度增加的业务·家庭部门,并以该部门的能源合理化使用为重点施行了新的修正节能法,将产业界及全体国民共同纳入管理范围。

太阳光发电、风力发电、地热发电等也已经开始普及。住宅制造商开始销售一种将白天太阳光发电产生的多余部分的电力卖给电力公司,夜里或下雨天等无法发电的时候再从电力公司买入电力,使住宅所需的电力费用总计为零的零能耗住宅。另外,还有采用家用燃料电池发电等方式使住宅逐渐变成了小型的发电站。面向创能的对策研究正在大范围加快加速中。

太阳光发电

太阳光发电是一种通过太阳能板直接接收太阳光的发电方式，因此容易受到天气的影响。各住宅制造商都销售着搭载有各式各样太阳能板的住宅商品，太阳能板逐渐成为了街道建筑中常见的一道风景线。

然而，也有自治团体提出太阳光板有损景观等意见，开始对实际设置提出了一系列规定。在京都市，2007年新景观政策实施后，在历史风土特别保存地区及传统建筑物群保存地区，原则上不允许设置太阳光板。在如同上述的风貌一致的地区，使用多结晶硅的青色太阳能板由于色调与屋顶材料不一致而被禁止，仅限使用与屋顶色彩相协调的深灰色或黑色的太阳光板。

◉ 太阳能电池的分类

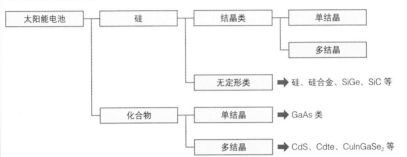

◉ 太阳能电池的特征

- 单结晶硅：变换效率及信赖性较高，具有丰富的实际使用成果。
- 多结晶硅：变换效率与单结晶硅相比较差。信赖性较高，适合大量生产。
- 无定形：变换效率及信赖性都比较差，但在荧光灯下可以较好地工作。
- 单结晶化合物：变换效率及信赖性都比较好，因此价格较高（GaAs类）。
- 多结晶化合物：变换效率及信赖性都比较差。
  材料不同，用途和使用方法都会改变（CdS、Cdte、CuInGaSe$_2$）等。

风力发电

◉ 优点

- 风力发电使用的是自然风，因此不用担心会像原子力发电那样产生对自然界有重大危害的放射性废弃物。
- 可以预见能源自给率的提高。
- 由于运行时不需要燃料，因此在离岛等偏僻的地方不需要确保燃料源就可以作为独立电源使用。
- 每个设备的规模都比较小，因此可供个人使用。

◉ 缺点

- 由于利用的是自然风，因此无法有计划地发电。
- 打雷时不能使用。
- 有可能成为妨碍周边电波的发生源。
- 景观上也有负面问题。
- 风车设置于接近住宅区的地方时，低频波对居民健康造成损害的报告例子有所增加。低频波是指100Hz以下的低频波音，容易成为头痛及失眠等的原因。

然而，风力发电与太阳光发电不同，可以看到风车的转动，因此具有启发环境意识的效果。
设置小型风车并考虑低频波音的分售公寓等也有销售。

095 骨架·填充（Skeleton Infill）住宅的承重结构骨架固定不变，但室内空间灵活多变

POINT

骨架·填充促成建筑的长寿化

骨架·填充是指将建筑的主体构造和内部空间的装饰及设备分开进行设计。这种手法在公寓式住宅中特别常见。这种手法将构成建筑的主体构造（Skeleton）和构成内部空间的室内装饰和设备配管（Infill）作为两个独立的部分看待，设计中主要考虑使主体构造部分固定不变，而内部空间灵活多变。这种思考方式是以荷兰建筑家尼古拉斯倡导的开放式建筑原理（左页注）为基础的由日本独立形成的理论。

正如"建筑和设备的生活周期"（→083）中所解释的那样，设备和建筑相结合的部分维护与更新起来比较困难，例如在管道空间或管道井设置于室内的情况下，设备在更新时就会发生破坏墙壁之类的"连带工程"。因此需要努力避免这种案例的发生。

骨架·填充手法

骨架·填充手法的要点包括以下几点内容：

· PS 设置于共用空间。

· 通过设置双重地板和顶棚，使设备的配管、电器配线以及各种管道可以自由设置。这种设置会使层高比通常情况更高。

· 为了更加容易地对室内房间隔断进行变更，需要将室内的断热施工改为室外断热施工。

· 提高主体构造（Skeleton）的耐震性，使其具有长期耐久性。

· 为空间留有余地。

采用这些手法能够使专用空间和共用空间的区别更为明确，避免在改建时无法判断需要更改的部分，对给水排水管道及电气设备的维护和更新等都提供了便利。对于环境的负荷也由于建筑寿命的保证得到有效抑制。

骨架·填充事例 "大阪燃气实验公寓住宅NEXT21" (1993年，大阪市)

写真：北田英治

NEXT21是大阪燃气（株）公司建造的实验性公寓住宅，其中实际居住着16户公司职员家庭，进行着各种各样的实验。
主要用途：共用住宅（18户）
设计：大阪燃气 NEXT21 建设委员会
构造：B1F~2F：钢骨钢筋混凝土结构、3F~6F：
　　　　PCa+ 钢筋混凝土结构
层数：地下1层，地上6层
占地面积：1542.92m²
建筑面积：896.20m²
总建筑面积：4577.20m²
照片：北田英治

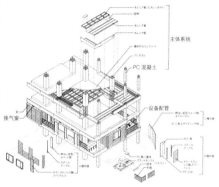

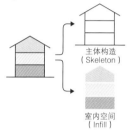

◀ 构造
形成了主体结构与住户部分相互分离的骨架·填充构造。主体结构拥有100年的长期耐久性。

主体构造（Skeleton）

室内空间（Infill）

◀ 系统建筑（System Building）
住户的外墙等采用规格化、部件化设计，更换和移动更为容易。外墙等的移动和再利用也成为可能。

图：集工舍建筑都市设计研究所

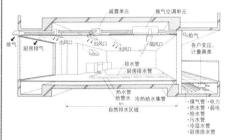

◀ 灵活的配管系统
通过在立体街道（相当于共用走廊下的部分）的下部设置配管空间，并在住户内设置双重地板、双重顶棚，使配管的移动变得更加容易。

图：大阪燃气（株）

（注）开放式建筑的原理
开放式建筑的基本原理是将空间根据从公共到私密的不同程度分为街道→住宅建筑（住宅楼）→住户三种类型，并在根据不同类型的特点进行适合的设计的基础上进行建设的理论。开放式建筑是与房地产及城市有关的空间构成系统。
在英语中，街道 =tissue、住宅建筑 =support、住户及内部装修、住宅设备 =infill。
街道由地方自治体在接受地方居民意向后进行设计、建设和管理。构成街道的道路、公园等寿命较长，都是土木技术的适用对象。

住宅建筑（住宅楼）不仅要配合街道的整体景观，还要采纳居住者的意见进行设计和建设。其构造需要拥有适当的寿命，是建筑技术的适用对象。
住户是由各自的居住者在住宅楼范围内进行设计、建设并亲自管理的。构成住户的内部装饰及住宅设备寿命相对较短，是家具、表面装饰及设备机器技术的适用对象。
开放式建筑系统通过明确各个不同层面的设计、建设、管理、运营等业务，实现了灵活的居住空间。

出处：日本建築学会　建築計画委員会
オープンビルディング小委員会ホームページ

日本绿色建筑标准（CASBEE）

POINT

采用 CASBEE 可以进行平衡的环境关怀

CASBEE 是对建筑物环境性能进行评价并区分等级的手法。正式名称为"建筑物综合环境评价系统"。近年来，横滨市、川崎市等地的自治团体规定了必须进行这一评价体系的认证，因此受到了关注。CASBEE 是在美国、英国等各国都已经拥有评价建筑物环境性能的体系的情况下，日本政府认为有必要形成日本版的体系，因此于2001 年由国土交通部主持制定的。

诸多国家拥有的环境性能评价方法都是对环境性能的长处和短处进行加减法来评价的，然而 CASBEE 则考虑了环境效率，即单位环境负荷的产品及服务的价值，通过"建筑物自身的环境性能"+"对周边环境的负荷"这一计算方法得到的。

评价的内容

在 CASBEE 中，环境性能效率用被称为"BEE"的指标进行评价。BEE 是将表示建筑物环境品质及性能的"Q"和表示建筑物环境负荷综合值的"L"分别数字化后，计算"Q/L"（Q 除以 L）所得到的值。

综合评价分为 S 等（非常好）、A 等（好）、B+ 等（较好）、B– 等（较差）、C 等（差）五个评价等级。另外，CASBEE 还有很多应用于不同建筑物生命周期或用途等被称为"CASBEE 家族"的工具。新建、改建、规划、现存、热岛效应等都是例子。

利用"CASBEE"的优点

在推进可持续城市规划的过程中，开发商为了更好地呼吁人们关注环境，可以通过采用 CASBEE 评价体系，在不引起过度关注的同时，找寻相对平衡的形态来促进对环境的关注。

CASBEE 通过经常性的改良叠加，使相关的利用者不断增加。

CASBEE（建筑物综合环境性能评价体系）

CASBEE 指的是建筑物综合环境性能评价体系，取自英文 "Comprehensive Assessment System for Building Environment Efficiency" 的首字母。它是作为比原本限定于节能等的环境性能具有更广泛意义的环境性能评价开发出来的。

声环境、光与视线环境、换气性能等与居住心情有关的要素以及决定运行成本的冷暖气效率等等被认为是降低建筑物环境负荷的重要内容，消费者可以清楚地看到这些客观的评价内容。

CASBEE 评价事例（竹中土木工程店东京总店大楼，2004 年，东京都江东区）

竹中土木工程店东京总店大楼是作为关注环境的新城市型可持续办公楼规划建造的。通过 CASBEE 的环境性能评价实现了 "Factor4"。在建筑物环境性能效率 BEE–4.9 的等级划分中，位于 5 级中的最高等级 S 级。

◉ 光与风

从中庭上部投入的太阳光加上从东、西面外墙的窗和南、北面的幕墙射透过的光，通过 RF 集光装置将斜向的日照引导至正下方。
通过东、西面多功能外墙吹进的风，在办公楼内形成风道，随后顺着办公楼中央的中庭排出屋外。

◉ 多功能外墙的构成

将外围分散设置的构造页岩、下方死角空间设置的薄型混合动力空调机以及背面外壁和换气口进行一体化设计，将自然风直接导入室内，或者经过空调管道分配到室内。
混合动力空调机根据不同的室内外环境条件，采用各种各样的方法将自然风引入内部空间，在保证舒适的室内环境的同时，在全年中最大限度地利用户外空气中的能源。

◉ 波纹纤维板管道

"波纹纤维板管道" 作为新的空调管道开发出来。所有管道的 60% 都采用了这种管道，波纹纤维板管道中约 80% 以上利用了废纸。
成本约为之前金属管道的 6~7 成左右，使用后还原成原本的材料（波纹纤维板 + 铝箔），转换为固体燃料再次使用。

◉ 太阳光集热管道

低层建筑的屋顶上设置了用来利用太阳能的集热管道以及屋顶绿化，冬天开启食堂的暖气，夏天则利用集热部与食堂内空气的温度差进行自然对流换气。

图、照片：竹中土木工程店

竹中土木工程店东京总店大楼设计概要
设计：竹中土木工程店
构造：钢结构 +CFT 柱、外壳页岩构造
层数：地上 7 层、塔屋 1 层
占地面积：23383m²
建筑面积：5904m²
总建筑面积：29747m²

▲ 竹中土木工程店东京总店大楼　　上图：小川泰祐

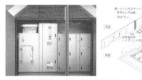
▲ 多功能外墙内混合动力空调（左）和多功能外墙构成图

▲ 自然通风和气流模拟

◀ 光庭
从外墙流入的风经过办公楼内部，并通过光庭的引导排出屋外。
左图：小川泰祐

▲ 屋顶绿化和太阳光集热管道

◀ 波纹纤维板管道
搬运时可以变成平板状，在现场进行加工、组装。管道接合处使用钢筋。

207

存量时代的建筑

从流量时代走向存量时代

战后的高度成长期，在政府房产政策的扶持下，供应了大量低价格、低品质的住宅。然而，这种大量供给的住宅在建设后 30 年左右就变得分文不值了，短时间价格折旧十分普遍。

住宅的大量供给使产业界受益，成为日本经济活动的牵引力。而另一方面，需求、供给及行政等之间的关系形成了相互支撑的恶性循环构造，形成了废弃再建造的体系。

步入 21 世纪，对于创建可持续型社会的意识普遍提升，从至今为止的流量对策型政策到通过维修、改建等提高利用率、促进建筑活力的存量重视型政策的转换正在进行。

存量时代设备设计必要事项（概略）

- 规划年限的设定
- 主体结构与设备的分离
- 连带工程的防止
- 耐久性的提升（长寿化）
- 对节能的关注
- 较少的维护要素设计
- 维护性的关注
- 设备的更新技术
- 较少的维护要素设计

古建筑用途变更或更新时，设备的重要性很高。需要在新建时的设计阶段精心设计计划。

法律制度的现状

现存建筑存在着品质和性能难以确认、判断活用方法是否合理的专家少以及判断现存建筑的法律适用性较难等问题，可以说，现行法律对灵活使用建筑存量产生了不利影响。

为了形成与社会需求相结合的形式，今后法律制度的完善必将持续推进。

如同超越时代的传承那样，如何能够建造、使用并维护成为优良的社会资本的建筑物需要从事建筑工作的我们来思考。

第 8 章 什么是建筑材料

097

建筑材料

POINT

选择材料时不仅要正确理解材料的特性，还要考虑地区气候等因素的影响

建材的历史

使用于建筑主体结构及内部装饰中的材料是根据各地气候风土进行选择并发展起来的。

在美国西南部的干燥地区，通常采用混有土或砂的黏土以及由麦秆或动物粪便形成的有机材料所制成的砖坯来建造房屋。在盛产大理石的意大利，用大理石建造的石造建筑十分常见。在气候温润的日本，住宅通常使用木材、灰泥、茅草屋顶等材料建造而成。

从选用适合当地气候风土的自然素材，到伴随着工艺技术的进步制成了瓦、瓷砖、烧制砖等人工材料，再到伴随着工业化的发展制成了混凝土、玻璃、塑料等工业化材料，近年来还开发出了特殊金属及复合材料等高性能材料、绿化材料、环境应对材料、老化材料等具有多样化性能的材料。

建筑材料的选择

建筑材料的选择和使用需要考虑建筑追求的构造、设计构思、功能性等的实现。使用于建筑主体结构中的建筑材料还需要考虑风雨、气温等建造场所的特性（气候）以及对抗地震力等外力的能力，因此需要追求安全性、强度和耐久性等性能。用于表达设计构思等的装饰建材需要选择符合质感、触感、风格等感觉上及心理上需求的且满足功能性要求的材料。特别是对于因工艺手法的不同而产生的构造特性，如果在选择装饰材料上缺乏考虑与构造特性之间的平衡（柔软的构造配上硬质的装饰材料就容易发生龟裂），那么就容易发生不匹配的情况。

建筑材料的选择不仅要正确理解材料的相关特性，还要考虑地方气候等因素的影响。

建筑材料的发展历程

伴随着建筑工艺手法的发展，所采用的建筑材料（建材）需要符合的性能也相应发生着变化。
- 人工材料：自然材料经人工改良后形成的材料。
- 工业化学材料：使用工业化学手段生产的材料。
- 高性能材料：使用多种素材或高技术制成的材料。
- 多样性能材料：由多种性能复合起来的材料。

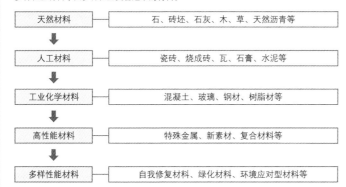

天然材料	石、砖坯、石灰、木、草、天然沥青等
人工材料	瓷砖、烧成砖、瓦、石膏、水泥等
工业化学材料	混凝土、玻璃、钢材、树脂材等
高性能材料	特殊金属、新素材、复合材料等
多样性能材料	自我修复材料、绿化材料、环境应对型材料等

根据材质进行分类

建筑材料根据材质可以分为无机材料和有机材料。

◉ 无机材料

无机材料除了耐热性好、强度高、不易被腐蚀等机械特性之外，还具有透明、通电、蓄电、绝缘体等功能。
无机材料具有的这些多样的特性，使陶瓷可以通过有机材料或金属材料以外的多种化合物制成。然而，由同一元素制成的陶瓷，也会因为制造方式的不同而使性能发生变化。建筑中常使用的有瓦、砖、钢铁、水泥、石材等。

▲ 由石材（无机材料）构成的构造体的事例
乌斯马尔遗迹·总督的家
（玛雅文明后期 600~1000 年，墨西哥·梅里达近郊）

◉ 有机材料

有机材料是指以含碳化合物（木材、沥青、橡胶、塑料等有机化合物）为原料制成的高分子材料。
通常以合成树脂（聚乙烯、乙烯树脂、环氧树脂、聚酯等）、合成纤维（尼龙等）为主，建筑中常用的有管、黏着剂、涂料、止水板、接缝材料（海绵条）等。
以玻璃为代表的有机材料具有没有固定熔沸点的特殊热性质。同时还具有被称为黏弹性的特殊性质。在遇到急速形变时会像完全弹性体那样运动，而在遇到缓慢形变时则会像黏性体那样运动，因此拥有多种用途。

▲ 由木材（有机材料）构成的构造体的事例
作为桂宫家别墅营造的桂离宫书院
（17 世纪，京都市西京区）

098

砌体材料和砖

砖材中有耐火砖等具有特定功能的类型

砌体是指用砂浆将砖、石材、混凝土预制板等材料堆积而成的结构。

砌体材料很久之前就作为构造材料使用，在中东地区及欧洲各国到现在仍能看到很多经历数千年风雪仍在使用的砌体结构建筑。由此可见，砌体材料具有很高的耐久性并能够很好地抵御风化。

砖的原材料为黏土、页岩、泥等。早在公元前3500年的美索不达米亚文明中就已经存在用砖建造的建筑物。而被称为是埃及吉萨三大金字塔原型的马斯塔巴墓的台形墓地也是用砖坯建造而成的。现在在中东地区，人们仍然使用砖坯建造住宅，只要在维护方面不松懈，那么这种建筑就可以保存数百年。

中国的万里长城使用的是烧结砖。使用的砖被称为长城砖，为了使它比普通的砖拥有更高的强度、更小的吸水性以及更高的耐久性，特别提高了烧制的温度并延长了烧制时间。烧结砖的红褐色是受到了土中所含的铁成分的影响。

砖结构的建筑随着日本的近代化发展引入国内，并在明治中期成为了十分普遍的技术之一。但由于在关东大地震时很多砖结构的建筑都受到了较大的破坏，因此日本开始更加关注钢筋混凝土。随后，为了使建筑的外墙看上去像是用红砖堆积而成的，开始在外墙面上铺上类似红砖的瓷砖。

另外，还有具有较高耐火性能的耐火砖。这种砖常被用于制造焚烧炉、陶艺或做饭用的炉子，而砖的颜色会根据土和黏土的比例而在烧制后呈现出不同，因此它具有自然素材所特有的味道。另外，经过风化后也会产生出独特的魅力。

砖坯

砖坯是指在土中混入稻草等之后用模具压制成型并在阳光下晒干而制成的砖，因此也被称为日干砖，是一种断热性性优良的材料。砖坯的成品会因其原材料土的性质的不同而存在差异。用含红色成分的土制成的砖，其颜色也会呈现红色，也就是说，根据土的性状的不同，色泽也会发生改变。顺带一提，在中东地区，由于黄土地带较多，砖常带有黄色。

平面
长边
短边（横断面）

● 尺寸与规格

砖的尺寸一般采用便于工人搬运的尺寸，并常根据习惯或规格统一起来。砖的尺寸会根据国家、地域及时代的不同而存在差异。例如，现在美国常使用 203mm×102mm×57mm、英国常使用 215mm×112.5mm×75mm、日本常使用 210mm×100mm×60mm 规格的砖（在日本根据 JIS 规格规定存在着各式各样的尺寸）。

以上述尺寸为基准，可以将砖通过 1/2、1/4、3/4 等简单的比例细分，进行组合使用。例如，日本建筑物中常用的砖的尺寸主要有以下几种。

▲ 全形（210mm×100mm×60mm）

▲ 洋馆（210mm×50mm×60mm）

▲ 半洋馆（105mm×50mm×60mm）

▲ 半升（105mm×100mm×60mm）

▲ 骰子（100mm×100mm×60mm）

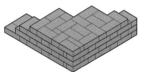

▲ 法兰德斯式堆砌法

这是一种将砖的短边和长边相互交错堆砌的方法。堆砌成的墙面图案最能展现砖的魅力。它是在法兰德斯（比利时及法国东北部）地区产生的堆砌方式。

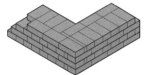

▲ 英式堆砌法

这是一种一层由短边相接堆砌、下一层由长边相接堆砌的每隔一层采用同样排列的堆砌方法。这种方法强度较高、使用的砖较少，是一种比较经济的方法。

▲ 短边堆砌法

这是一种在每一层都以短边相接的堆砌方式。也被称为德国式堆砌法。

日本银行总部（1896 年，东京都中央区）

日本银行总部是以比利时中央银行为范本设计而成的。最初计划为全石构造，后来由于受到 1891 年浓尾地震受灾情况的影响，为了减轻建筑物上部的质量、提高建筑物耐震性，最终将设计变更为一层仍采用石结构，二、三层采用表面贴上石材的砖结构。

设计：辰野金吾
构造：砖构造、石构造
规模：地上 3 层、地下 1 层

099 玻璃

美国工业标准协会将玻璃定义为"没有结晶析出的、直接从熔融体冷却固化而成的无机物"。也就是说，玻璃是具有透光性的准安定状态的黏性很高的液体。它可以在确保玻璃表面透视性的同时使光源得到扩散或者改变其视认性，因此，玻璃是一种可以进行各类加工的材料。

强度

玻璃是一种几乎不产生脆性形变的脆性材料。当玻璃表面产生裂痕时，应力容易集中在伤痕的最前端，然后使伤痕伸长并最终导致破损。因此，玻璃一般在比理论值弱2位数的强度下就会破损。

热的性质

玻璃会发生热破裂的现象。产生这一现象的主要原因是玻璃拥有的比热和膨胀系数比较大，而导热率则比较小，因此在局部受热的情况下，玻璃表面就容易产生热应力，从而引起热破裂的现象。

如果在玻璃设置的场所遇到部分玻璃经常位于阴影中等情况，那么就需要通过热破裂计算来进行验证。特别是铁丝网玻璃，由于玻璃和铁线的热膨胀率存在差异，因此对设置场所需要特别注意。

玻璃成品的种类

玻璃块主要用于建筑墙面或房间分隔等用途。同时由于玻璃块的中空部分接近真空状态，因此具有隔声和隔热等效果。

甲板（透光棱形）玻璃是为了将光引入地下而在地下室的顶棚及地面等处埋入的断面形状呈棱镜状的玻璃块。

波板玻璃及玻璃瓦是为了确保采光而使用于屋顶等的玻璃。

另外，在特殊组成的玻璃上撒上酸化物蓄光材料的蓄光性玻璃等用于室内装饰的商品还在不断开发中。

玻璃的性质和种类

● 玻璃是液体？

玻璃是黏度非常高的液体。将原本呈液体状的玻璃冷凝后可以变成坚硬的玻璃，但玻璃在从液体变到固体的过程中没有明显的变化（相变）。

铁等金属在固化的时候会由于原子的规则排列而形成结晶状态，然而玻璃则不存在这种状态。也就是说，因为玻璃没有结晶状态，因此在化学上被归类为液体。

早期教会里的彩色玻璃等常会变得下部比较厚，这正说明了玻璃在经历岁月之后会缓缓"下垂"。

▲ 玻璃块
可以缓和光线，形成柔和的光线。断热性、隔声性优良。

▲ 甲板（透光棱形）玻璃
使用于顶部照明或引导自然光射入建筑底层等情况。

▲ 波板玻璃
因波形而具有较高的刚性，多使用于拥有大空间的体育馆、工厂、拱廊屋顶及墙面等。

▲ 玻璃瓦
玻璃制的瓦，铺在屋顶的开口处，可作为顶部照明使用。

果冻状的玻璃大楼"普拉达时装店青山店"（2003年，东京都涩谷区）

该建筑使用了众多菱形的玻璃单元。
菱形的玻璃单元标准尺寸为水平方向3.1m，垂直方向2.0m，由平面的多层玻璃和曲面的多层玻璃组合而成，作为外装覆盖整个大楼。
该建筑通过玻璃表现出了果冻的形象。

设计：赫尔佐格＆德梅隆＋竹中土木工程店
用途：购物商店
规模：地上7层、地下2层
构造：钢结构、部分钢筋混凝土结构
占地面积：953.51m²
一层建筑面积：369.17m²
总建筑面积：2860.36m²

POINT

不同的树种和截取方式决定了木材在建筑中被使用的地方

木材的特质

木材会因为树种及砍伐方向的不同，而产生不同的物理和机械性质。树种可以分为有年轮的外长树（硬木类）和没有年轮只长高度的内长树（软木类）。外长树还可以进一步分为针叶树和阔叶树。针叶树材质均匀，通直性（指木纹等在竖向上笔直生长）较好，容易获得长而大的材料；同时，其加工性能也比较优越，广泛适用于结构主体、板材、细木材等。阔叶树包括橡树、榉树、梧桐等，通常使用于地板、家具等。

制材

制材是指将木材按照要求的尺寸切割成板材或角材等。

制材所用的树木的最佳砍伐时期是在树液较少、生长缓慢的严冬；最佳砍伐树龄是在整个树龄的 2/3 左右

（日本的针叶树为 40~50 年）。

木材的截取

木材的截取是指在制材的时候，为了高利用率地获得所需材料，而决定采伐的位置和截取的顺序。"高利用率"是指从 1 根原木中最大限度地获取建材。

木材的截取中无法成为建材的端部材料可以加工成筷子、纸等。通过木材的截取形成的木纹有直木纹和不匀整木纹，这些木纹的样子被称为木理。

直木纹是通过树心的年轮的纵断面，收缩变形很小很美。

不匀整木纹是不通过树心的年轮的纵断面，材质比直木纹差。不匀整木纹材料靠近树心的一侧称为木裹、靠近树皮的一侧称为木表，干燥后，木纹就会向着木表侧弯曲。因此，通常情况下，门框上的横木木表向下，门槛木表向上。

制材方法（截取）

◀ "丸挽（达拉挽）"
简单地将圆木从一侧平行切割的方法。
适用于小径木或弯曲木材。

◀ "二方挽"
为使稳定性较好，先去掉圆木一侧再将
木头换面切割的方法。

◀ "太鼓挽"
先去掉圆木两侧后按直角及平行切割
的方法。

◀ "胴割"
从中心将圆木分割成两部分然后进行切
割的方法。适用于大径木。

◀ "回挽"
一边旋转圆木一边切割的方法。适用
于小幅板的取用。

◀ "橘子割"
放射状的切割方法。用于取用直木纹板。

木材缺点举例

◀ 圆弧
因材料断面缺陷而产生。

◀ 弯曲、翘起
对于柱、梁、圆木材等需要保
证直通性的部分来说是缺点。

目回

心割

皮割

◀ 裂痕
木材的裂痕根据产生的原因和表
现的方式分为很多种类。

"目回"
沿着年轮的圆形裂痕。由风、冻
裂等引起。

"心割"
从中心沿放射状组织呈放射状向
外延伸的裂痕。

"皮割"
伴随干燥收缩形成的裂痕。

◀ 龟裂
受到阳光直射而在材料表面产
生的细小的裂缝。

◀ 活节
从活着的树枝中生长出来的、
与周围组织相连且无法分离的
健全的节。

◀ 死节
与树枝和树干的组织不连续但
却牢固地结合在一起的节。其
中，可以拔掉的则称为"拔节"。

木材市场的景象

木材市场是木材买卖的场所，聚集着种类繁多的国内产
木材及国外产木材。加工成各种角材及板材等的木材被

保管在巨大的仓库内或露天堆放，买卖时可以检查木纹
及弯曲程度等方面内容。

101 树脂材料

POINT

树脂材料具有质量轻、成型容易、耐药品性好等优良的材质特性，因此具有多种用途

塑料（树脂材料）即"拥有可塑性的材料"，是可以人工成型的合成高分子物质（合成树脂）的总称。主要以石油为原料制造而成。

塑料可以分为加热后融化变软、冷却后再次变硬的拥有热可塑性的类型以及一次加热后融化变软、再次加热后不再软化的拥有热硬化性的类型两种。

塑料的优点有：塑性和延性较大而容易成型、质量轻且强度高、具有良好的电气绝缘性、耐药品性优良、可以自由着色等。

另一方面，塑料的缺点有：耐热性较低而容易燃烧、难以抵御紫外线而容易劣化、表面硬度低而容易受损等。同时，塑料还因易带电而容易附着污垢。

各种树脂材料的特质

给水管及排水管所使用的配管类型包括聚丙烯管、给水排水管道专用氯化乙烯树脂管、聚丁烯管等。

纤维强化塑料树脂强度高、耐久性好，因此常使用于屋顶及一体化浴室的浴槽中。

住宅外墙基础材料中使用的透湿防水薄布的原料是聚乙烯制不织布。

硬度、耐热性、耐水性、耐候性较高的三聚氰胺树脂常使用于制作装饰板及厨房的作业面板等。

对耐热性、耐药品性、耐油性要求较高的医院、工厂等的地板多使用涂有环氧树脂或聚氨酯类树脂等的地板材料。它可以形成没有接缝且平滑的表面。

含有乙烯树脂的乙烯地板材料根据其安定剂中的胶粘剂含有率分为超过30%的均相乙烯地板砖和不足30%的复合地板砖。

作为建材使用的主要的树脂材料

◉ 聚氯化乙烯树脂

指由氯化乙烯聚合而成的产物。这类树脂可以是硬质的也可以是软质的，并具有耐水性、耐酸性、耐碱性、耐溶剂性等特性。硬质材料一般用于水道管、波板、平板、导雨水管、窗框、小汽车用的内涂层等，软质材料一般用于瓷砖、薄板、软管等。

◉ ABS 树脂

ABS（Acrylonitrile Butadiene Styrene Copolymer）树脂是指由丙烯腈、丁二烯、苯乙烯等形成的热可塑性树脂的总称。这类树脂非常牢固，对张拉、弯曲、冲击等具有很强的抵抗力，耐热性、耐寒性、耐药品性等也十分优良。常用于厨房、家用电器、竖笛等乐器以及小汽车内饰板部件等。

◉ 聚丙烯树脂

聚丙烯树脂是以丙烯为原料生产而成的合成树脂。具有质量轻、耐热性好、耐药品性优良、色泽鲜艳等特性。广泛使用于小汽车部件、医疗（器具、容器、医药包装）、家用电器、日用品、住宅设备、容器、托盘、饮料及食物容器、胶片、薄板、纤维、线、皮带、发泡制品等。

◉ 聚苯乙烯（Poly Styrene）树脂

聚苯乙烯树脂和聚丙烯树脂一样，是适用范围十分广泛的塑料。也被称为PS树脂。主要可以分为透明的通用聚苯乙烯（GPPS）和耐冲击性聚苯乙烯（HIPS）两大类。GPPS透明性好，HIPS是在GPPS的基础上加上橡胶成分，因此不易产生裂痕，耐冲击性较好。发泡后的树脂被称为发泡聚苯乙烯，可以作为断热材料使用。

◉ 丙烯树脂

丙烯树脂是由丙烯酸和它的诱导体聚合而成的合成树脂。这种树脂具有透明度高、质量轻、牢固且对酸和碱的安全性高等优点，相对地，这种树脂易形成伤痕且易溶于丙酮等有机溶剂中。丙烯树脂多用于有机玻璃、牙科材料、黏着剂、涂料等。

◉ 纤维强化塑料（FRP）

FRP是在塑料中加入玻璃性纤维等物质来提高强度而形成的复合材料。多用于小型船舶的船体、小汽车、火车的内外装饰、一体化浴室、净水槽、防水材料等。

◉ 聚碳酸酯

聚碳酸酯具有很高的透明性及塑料中最强的耐冲击性。多用于包含DVD的CD（光盘compact disc）、机动队的盾及防弹背心、屋顶用波板、高速公路的隔声板、小汽车的前照灯等。

除上述树脂材料之外，还不断研发出了异丁烯树脂、聚乙烯树脂、氟化乙烯树脂、苯树脂、三聚氰胺树脂、硅树脂、环氧树脂等具有各种特性的树脂，广泛应用于各大领域。

◀ 丙烯屏幕"迪奥表参道"（2003年）
外墙玻璃屏幕的内侧设有三次曲面的丙烯屏幕。丙烯屏幕表面印有白色条纹，形成了柔和的感觉。
设计：妹岛和世＋西泽立卫、SANAA
结构设计：佐佐木睦朗构造计划事务所
用途：租赁式大楼（Tenant Building）
规模：地上4层、地下1层
构造：钢结构
占地面积：314.51m²
一层建筑面积：274.02m²
总建筑面积：1492.01m²

102 混凝土

POINT

通过生产者和购买者进行的适当的检查就可以确保混凝土的品质

混凝土是由水、水泥、砂子（细骨材）、砂砾（粗骨材）等混合制成的。遇到空气就会硬化的气硬性水泥从古埃及、希腊、罗马时代就已经作为石材的黏着剂使用了。1700年代中期，人们发现了遇水反应硬化的石灰，并将其称为罗马水泥。在硅酸盐水泥得到普及之前，这种罗马水泥是支撑欧洲建筑发展的重要材料。

混凝土的性质

混凝土抗压能力强、抗拉能力弱。张拉强度仅为压缩强度的1/10左右。在混凝土中加入钢筋后形成的钢筋混凝土就是为了补充张拉强度而制成的。

混凝土的强度由水和水泥的比决定。水和水泥的比即单位水量÷单位水泥量×100%，单位量即制作1m³混凝土所需要的量。

混凝土的品质管理

混凝土是使用机械设备将水泥、粗骨材、细骨材、混合材、水等混合制成的。制成后的混凝土被运送至施工现场进行浇筑，形成构造物。这些工序都必须依靠认真的检查来确保混凝土的品质。

生产者（混凝土工厂）进行的品质检查包括制造时的品质检查（工程检查）和卸货时的品质检查两类。购买者（施工者）进行的检查包括卸货时的接收检查、浇筑时的品质检查以及构造物的品质检查等。

通过坍落度试验（测算生混凝土的流动性）、混凝土内空气量测定、混凝土温度测量、氯化物含量测定等方法，可以确定混凝土是否符合基本要求。另外，为了确认混凝土的强度、判断拆除模具的时期，需要用生混凝土制作供试体，进行到达材龄后的压缩强度试验。

8

混凝土的各种试验方法

◉ 坍落度试验（图、照片 A）

坍落度试验是指用来说明凝固前的生混凝土的流动性（操作性）的试验。具体做法是将坍落度试验锥的圆锥垂直放下来测定混凝土顶端的高度，混凝土下降的距离越大也就越软，操作性也就越高。一般来说，混凝土中水分越多坍落度也越大，然而加水过多则混凝土强度会降低，因此通常选择坍落度为 15~18cm 时进行施工。

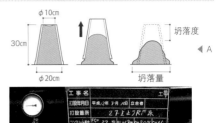

◀ A

◉ 空气量试验（照片 B）

空气量试验是指测定生混凝土材料中的空气量的试验。具体做法是在密封的容器中加入混凝土并施加压力，从而测定空气量的比率。一般规定混凝土中的空气量比率为 4.5% ± 1.5%。

B ▶

◉ 供试体（压缩强度试验）（照片 C）

在浇筑混凝土的时候，通常需要制作用来进行压缩强度试验的混凝土供试体，且一般选择 4 周后对供试体进行强度试验。

C ▶

D ▶

◀ A

◉ 盐分浓度及温度的测定（照片 D）

混凝土中氯化物较多会使钢筋生锈。一般规定氯化物含量应为 0.3kg/m³ 以下（JIS A5308：日本工业标准中有关预拌混凝土的相关规定）。

使用高流度混凝土的"TOD'S表参道大厦"（2004 年，东京都涉谷区）

该建筑使用了高流度混凝土（坍落量 550mm）。高流度混凝土是指在不破坏刚制成时的材料分离抵抗性的同时使流动性显著提高的混凝土。流动性的程度可以通过坍落度试验进行评价。高流度混凝土一般指的是坍落度在 50~75cm 范围内的混凝土。混凝土的浇筑通常用称为"振子"的振动器来进行压实；但在狭小的或有阻碍物的地方，这种振动器无法使用，因此多使用高流动混凝土。
在三角形锐角部分的开口处周围，为了防止龟裂，还采取了增补钢筋、使用减轻混凝土收缩的材料等各种手法。

设计：伊东丰雄（伊东丰雄建筑设计事务所）
结构设计：Oak 结构设计
用途：租赁式大楼
规模：地上 7 层、地下 1 层
构造：钢筋混凝土结构、部分钢结构（免震构造）
占地面积：516.23m²
一层建筑面积：401.55m²
总建筑面积：2548.84m²

灰泥材料

灰泥材料可以分为水硬性和气硬性两种

是指用抹子涂抹土、灰浆、砂壁、灰泥等装修材料的一项工作。

早在平安时代，负责建造宫殿或是在宫中进行建筑修缮工作的工匠就被称为"木工寮属（左官）"，也就是说，当负责涂墙的工匠从木工属得到工作委任，便可以获得出入宫中的许可，就被称为"左官"。

灰泥材料可以分为水硬性材料和气硬性材料两大类。

水硬性灰泥材料是指用水混合时会吸收水分并引起化学反应而硬化的材料；气硬性灰泥材料是指遇到空气中的碳酸气体时会引起化学反应而硬化的材料。

水硬性灰泥材料

土壁

土壁是指在用黏土和稻草麻刀混合发酵而成的材料粗抹过的墙上再用土涂抹而成的墙壁的总称。土壁中使用的硅藻土，即由植物性浮游生物死骸堆积而成的土层中提取出的土，其组织富有弹性且多孔，因此吸放湿性好，并具备耐火性、断热性、脱臭性、防霉性等性能。

灰浆

灰浆是指用水将水泥和细骨材混合而成的材料。由于其易于施工且价格便宜，因此被广泛使用。

混合石膏灰泥

这是一种以熟石膏为主原料并加上消石灰和缓结材后预调和形成的灰泥材料。施工时加入砂并用水混合即可。硬化后会产生耐水性。

气硬性灰泥材料

灰泥

这是一种在石灰中加入海藻糊（现在常使用高分子化合物）、麻刀（麻的纤维或纸等碾碎后的东西）等混合而成的灰泥材料。

它会与空气中的碳酸气体结合，回到与之前的石灰岩相同的组成并硬化。

灰泥材料的特性

灰泥材料能够形成没有接缝的一体化形态，因此可以用来制作复杂的浮雕、塑造模型、制作曲面墙等。同时，灰泥材料是一种可以通过颗粒大小改变风格、增加色彩、打磨表面等手段呈现出不同表现的素材。另外，加入自

然原料涂抹的灰泥墙还会因为配比和涂抹手法的不同而产生变化，使我们对其呈现的素材感乐在其中。

灰泥材料本身还具有耐火性、断热性、隔声性、调湿性等特性。

土墙的材料

◉ 黏土和花岗土

壁土最好用从田底挖来的黏土，但现在丘陵地等的黏土层成为了主要的取材地。壁土的制造需要足够的土量、用于混合的空间及设备，然而现如今需求的不足和后继者的不足等问题堆积成山，使土壁无法广泛使用。

"荒壁土（拉毛）"主要使用的是黏土和花岗土。黏土的粒子非常小，含水的黏土可塑性好，但黏土干燥后通常会收缩硬化，且黏度越高，硬化后得到较高强度的同时，也往往会因为干燥收缩太大而不利于施工。因此，需要在黏土中混入花岗土进行调整。花岗土是花岗岩风化而成的土，常见于关西以西的山林中。比起砂，花岗土粒度的平衡比较好，适合作为壁土。荒壁土的配比大约为 6~7 份黏土混合 4~3 份花岗土。

◉ 稻草

混合稻草的目的主要是防止墙壁土的干燥收缩、提高弯曲强度、增补墙壁强度等。这类混合使用的稻草在关西地区称为"麻刀"，在关东地区称为"爬山虎"。

◉ 中涂土（涂第二层用的土）

中涂土多使用颗粒细小的干燥黏土。涂第二层的时候，在这类黏土上加入砂、麻刀、水混合使用。配比大约为 6~7 份砂混合 4~3 份中涂土。

▲ 土壁制作过程

伊豆的长八美术馆（1984年，静冈县贺茂郡松崎町）

长八美术馆是为了传扬江户时期的知名左官"入江长八"的业绩和传统左官技术的伟大而建造的。建筑物的各个

地方都有来自全国的优秀工匠用左官技艺进行的雕刻。

设计：石山修武

入江长八
活跃于江户末期至明治时代的知名左官。擅长 NAMAKO 壁（带有斜向格子纹样的墙壁、多为武家使用）及鳗绘等细致的灰泥工程。

版筑

版筑历史悠久，是为了能够牢固地建造土壁或建筑的基础部分而采用的工艺手法。版筑非常结实，因此还常被用于土墙、坟墓、房屋的墙壁、地基改良等道路和房屋的建设中。版筑的原材料一般是由土、石灰、盐卤、鱼油等混合配比而成。版筑的制作像做压制寿司那样，首先将土倒入模型中，直到填满模型容积的一半左右，然后滑动模型制成墙体。现在，这种制作方式仍出现在中

东和不丹等地的建筑建造中。土不仅是构造体，还有外装材料和内装材料等作用。土不仅拥有调湿、调温功能，从地产地销的角度也对其进行着重新研究。

▼ 概念住宅方案"造成建筑"
"筑波样式庆典 2005"设计竞赛一等奖案例
设计：洛克建筑 / 根津武彦、泽濑学

223

POINT

瓷砖作为装饰材料对提高建筑的耐久性有很大的贡献，但在设计和施工中要特别留意防止瓷砖的剥落

用瓷砖、石材等耐久性好的材料作为外部装饰材料可以提高建筑物的耐久性。世界上最古老的瓷砖是4650年前古王国第三王朝的左赛耳王时代制造并贴在埃及金字塔的地下通道上的淡蓝色的瓷砖。

张贴工艺的种类

瓷砖的张贴施工方法主要有三种类型。

后贴法

指在修整后的墙底子上使用水泥砂浆来贴瓷砖的手法。

先贴法

指事先将瓷砖或瓷砖单元固定到外框的内侧，在浇筑混凝土的同时张贴瓷砖的手法。

干式法

包括用弹性黏着剂贴瓷砖的粘着粘贴法以及用金属固定瓷砖的悬挂法等。

设计时需要注意接缝的深度和宽度、布置、作用物等；施工时需要注意安装方法，防止冻害、剥离、龟裂、污渍等的产生。

施工时的注意事项

冻害

冻害是指渗入瓷砖和墙面间空隙的水分冻结后产生体积膨胀而造成瓷砖破裂的现象。陶质瓷砖或石质瓷砖吸水性较大，因此在寒冷的地区即使是使用于内部装饰中，在浴室墙面等水分较多的地方也需要特别注意。

剥离

瓷砖和灰浆底子的界面容易剥离。原因主要有粘合不足、瓷砖背面附着有不纯物质、粘合水泥量不足等。因而需要对施工工艺认真研究。

白华

白华是指在水泥硬化过程中生成的氢氧化钙遇水溶解后，在表面干燥时与空气及碳酸气体等反应形成不溶性的碳酸钙并最终残留下来的现象。因此需要选择合适的工艺手法。

陶瓷器的分类

分类	烧成温度	特征	吸水率	釉的有无
瓷质瓷砖	800℃以上	原料为黏土、硅石、长石、陶石等，质地致密，主要用于外装瓷砖、地面瓷砖、马赛克瓷砖	几乎不吸水（1%以下）	施釉、无釉
石质瓷砖	1200℃以上	原料为黏土、硅石、长石、陶石等，质地原料和用途与瓷质瓷砖相同	坚硬、吸水率5%以下	施釉、无釉
陶质瓷砖	1000℃以上	质地主要原料为黏土、石灰、蜡石等，主要用于内装瓷砖。尺寸精度较高	多孔质、吸水率较高（22%以下）	多为无釉
土质瓷砖	800℃以上	质地主要原料为黏土、石灰、蜡石等，主要用于内装瓷砖	吸水性较高	多为无釉、也有施釉

瓷砖的主要工艺手法

● 干式法

没有接缝的类型（砖型）

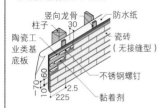

● 湿式法

改良粘合张贴法

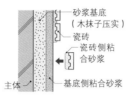

胶粘剂张贴法

接缝用语

贯通接缝
指纵、横都呈直线状贯通的接缝（"芋目地"）。

暗接缝
指瓷砖和瓷砖紧挨着张贴的方式，不留接缝宽。

错缝"马接缝"
指横向贯通、纵向错开一半的接缝。

深接缝
指使通过加深接缝而增加表现力的技法。

▲ 贯通接缝　▲ 错缝"马接缝"

嵌入瓷质瓷砖的外墙"东京海上日动大厦"（1974年，东京都千代田区）

东京海上日动大厦（旧东京海上大厦）的外墙是由用来嵌入瓷质瓷砖的预制混凝土板制成的。外墙粘贴的用来嵌入瓷质瓷砖（基本尺寸：290mm×90mm×13mm）的预制混凝土板柱形呈横向、梁形呈纵向。开口处和外围柱子间设置的外围露台同时也用作紧急避难通道和玻璃清洁通道等。外围露台梁的上方考虑到雨水的滞留，使用一整块不会形成横向接缝的大型瓷砖（660mm×285mm×30mm）张贴。

设计：前川国男建筑设计事务所

层数：地上25层、地下4层

225

POINT

钢材的热膨胀系数与混凝土的热膨胀系数几乎相同；铝的密度约为铁的 35%

钢的性质

钢指的是以铁为主要成分的合金。与铁相比，钢中的碳元素含量较少，使用起来也比较方便，因此，为了将它与铁区别开来而称之为钢。

钢的热膨胀系数和混凝土的热膨胀系数几乎相同，因此适合用于钢筋混凝土结构中。一般情况下，钢的张拉强度随碳元素含量的增加而提高，但达到大约 0.85% 后，强度反而下降。

钢材的种类

钢材中，有碳元素含量在 2.0%~4.5% 的生铁，碳元素含量在 0.007%~1.2% 的钢，碳元素含量 2% 以下的由铁和碳元素构成的合金即碳素钢，还有在碳素钢中加入微量元素（锰、镍、铬、硅）来提高钢材的熔接性和强度等形成的熔接构造用钢材和建筑构造用钢材等。另外还有被称为耐候性钢（Co-ten 钢）的表面涂有保护性锈（安定锈）的钢材，这种钢材不经过涂装就有很好的防腐蚀性能，同时还具有作为熔接构造用钢材的优良特性。

铝的性质

铝的原料是用氢氧化钠溶液溶解铝土矿提取到氧化铝之后，再用电解的方式制造出来的。铝的密度约为铁的 35%，具有质量轻、延展性好、加工容易等特点。另外，铝遇到空气会自然形成致密且安定的酸化皮膜，因此耐腐蚀性和抗酸性都比较强。

纯净的铝张拉强度并不大，但添加锰、镁、铜、硅、亚铅等形成合金后，可以提高压延加工或热处理时的强度。

2002 年建筑基准法修改后，铝合金被认可作为建筑构造材料，铝建筑的建造逐渐推广开来。

脚踏风箱

脚踏风箱是指在世界各地常见的早期炼铁法。该炼铁反应中用来输送空气的送风装置被称为脚踏风箱，因此得名。这是非常古老的词，日本书记中神武天皇的后代出现了媛蹈鞴五十铃姬命的名字。

以前在日本常用这种方法以砂铁、岩铁、饼铁等为原料制造日本铁和生铁。这样制造出来的铁和生铁再通过称为"大锻冶"的方式进行脱碳。

用这种方法还可以制造日本钢，但现在已经不这么制造了。

钢材的种类和性质

铁所含的碳元素影响着铁的各种性质。碳元素含量越多硬度越大，但却会变得很脆，加工及熔接性也比较差；相反，碳元素含量越少硬度越小，强度也降低了，但黏性较强，加工性和熔接性也随之增加。钢铁可以分为由铁和碳元素构成的合金即碳素钢以及含有 1 种或 2 种以上合金元素的合金钢。

建筑中使用的钢材通常是碳元素含量较少的软钢或半软钢。

炼钢	碳元素含量 0.02% 以下
钢铁	碳元素含量 0.03%~1.7%
铸铁	碳元素含量 1.7%~6.7%

耐候性钢制成的外墙"IRONHOUSE"（2007 年，东京都世田谷区）

设计：椎名英三建筑设计事务所 + 梅泽建筑构造研究所
用途：专用住宅
规模：地上 2 层、地下 1 层
构造：钢结构、RS 造
占地面积：135.68m²
一层建筑面积：66.77m²
总建筑面积：172.54m²
外墙材料：压层折板法、Co-ten 钢
　　　　　（耐候性钢）基底装饰

铝制建筑构造的相关告示和设计标准

2002 年，一系列有关铝建筑的告示公布并实施，铝和钢材等一样被认可为用于构造部分的材料。

这些告示及标准不仅规定了构造计算中必要的各种容许应力度，还规定了与铝建筑物的构造方法有关的技术标准，因此使普通的建筑确认申请变得更加容易。

铝合金"Sudare"（2005 年，东京都新宿区）

用钢丝将断面约 70mm×80mm 的铝压制成的角材拉紧组合而成的像是竹帘的构造。
　　　　　　　　　　　　　照片：Ayitu

设计：伊东丰雄建筑设计事务所　　构造：Oku 构造设计
用途：展示会场　　　　　　　　　施工：SUS
构造形式：铝合金造
规模：全长 6m× 最大宽度 3.7m× 最大高度 2.78m

POINT

涂料除了能起到保护和美观等作用之外，还具有各种功能

涂料的构成

涂料是由颜料、树脂、溶剂、添加剂等混合制成的。

涂料的成分分为干燥后仍作为涂膜保留下来的涂膜成分以及涂膜过程中挥发掉的非涂膜成分。

展色材

指颜料分散涂抹后形成涂膜的液体成分。也称为"车辆"或胶粘剂。

颜料

指不溶于水、油和溶剂等，且本身具有颜色的粉末状固体，可以分为以着色为目的的着色颜料、以改善质地（增加涂膜厚度、使涂膜更加牢固、增加涂膜的功能、调整光泽等）为目的的质地颜料以及以防止生锈为目的的防锈颜料三种类型。

添加剂

指为了提高涂料性能而加入的辅助药品，包括可塑剂、沉淀防止剂、乳化剂（用来调整涂料的黏度或流动性）、防霉剂等。

涂料的种类

油性涂料

以清油等脂肪油作为展色材，并在其中加入颜料混合而成的涂料。根据颜料和油分比例的不同，可以分为黏稠型、种（酵母）、调和型三种类型。

天然树脂涂料

指使用天然原料制成的涂料，包括早期以柿油、漆、花生油为主要成分的卡修涂料、达马树脂，以及由昆虫分泌物形成的虫胶树脂等。

合成树脂涂料

指以合成树脂（丙烯、环氧树脂、聚氨酯、氟、氯化乙烯）等作为展色材，加入溶剂或干性油后加热，再加入溶剂的涂料。

不加入溶剂的水溶性乳液状涂料因为不使用有机溶剂，因此不存在化学物质的挥发。

涂料的分类

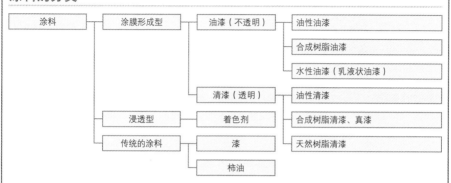

在形成涂膜的涂料分类中，涂料的透明性由颜料决定。含有颜料的涂料称为不透明涂料"油漆"，不含颜料的涂料称为透明涂料"清漆"。

釉
平滑且具有光泽的涂膜。

着色剂
木质类材料中浸泡使用的着色剂不形成涂膜。

漆
将从漆科的漆树或黑树中提取的树液加工后形成的以漆油为主要成分的天然树脂涂料。漆器美观且强韧，常用在餐具、家具、乐器等的制作中。

柿油
将未成熟的柿子弄碎后经发酵过滤后形成的东西称为柿油。柿油中含有的柿丹宁有防水、防腐蚀、防虫等效果，可以用来作为涂料。

功能性涂料

涂料不仅具有长时间保护材料和保持美观的作用，还存在着各种特殊的功能。

电气、磁气的功能
包括导电、屏蔽电磁波、吸收电波、磁性、印刷电路、防止带电、电气绝缘等功能。

热学的功能
包括耐热、吸收太阳热、示温、反射热线等功能。

光学的功能
包括荧光、蓄光、反射远红外线、遮挡紫外线、导光电等功能。

机械的功能
包括润滑等功能。

物理的功能
包括防止结冰、防止贴纸、防止结露等功能。

生物的功能
包括防霉、防虫、污染、水产养殖、动物忌避等功能。

光催化涂料

光催化是指在受到光的照射时，该物质本身不发生变化但促进周边的化学反应的催化物质的总称。氧化钛具有优良的微生物及氧化物的分解力、亲水性、抗菌、杀菌、除臭等光催化能力。光催化涂料是指利用光催化技术的涂料。

光催化涂装的外墙"森山邸"（2005 年）▶
设计：西泽立卫建筑设计事务所
构造：Structured Environment
用途：专用住宅 + 租赁住宅
规模：地上 3 层、地下 1 层
构造：钢结构
占地面积：290.07m²
一层建筑面积：130.09m²
总建筑面积：263.32m²
外墙材料：钢板 16mm
熔接部 G 处理 + 油灰防锈涂膜后、光催化涂膜

107 黏着剂

POINT

根据被粘贴材料的用途选择合适的黏着剂

黏着剂的特性

用黏着剂将两个物体粘连起来的原理尚不明了。

目前对于黏着剂原理的解释主要包括力学的粘连（黏着剂进入物体表面细微的凹凸中，形成相互牵引而使物体粘连起来）、化学的结合（利用黏着剂和物体间分子的化学反应形成化学结合而使物体粘连起来）、分子间力的作用（分子间运动形成的电气引力使物体黏连起来）等。

天然类黏着剂

天然类黏着剂的种类包括从石油中提炼的沥青、从小麦粉中提取的糨糊、用刮刀将米粒捣碎后搅拌而成的浆糊、由马铃薯淀粉制成的糊精等淀粉类；用动物的骨头或皮等制成的动物胶、用乳酪和石灰制成的酪素等蛋白质类；加工植物的树液制成的乳胶或橡胶糊等天然橡胶类等。

合成橡胶类黏着剂

指使用有机溶剂溶解合成树脂、合成橡胶、天然橡胶后形成的黏着剂。

具有耐水性、耐酸性、耐碱性、耐热性，初期黏着力较强。

合成树脂或合成橡胶可以用来粘连包括纸、布、皮革、木材、各种建筑材料等在内的各类物体。天然橡胶类黏着剂一般不用于建筑，而是作为感压型黏着剂使用于各类包装及胶带中。

树脂类黏着剂

树脂类黏着剂种类（醋酸乙烯树脂类黏着剂、环氧树脂类黏着剂、丙烯树脂类黏着剂、瞬间凝固类黏着剂等）丰富，其特性也各不相同，因此要根据需要被粘连的物体来选择合适的黏着剂。通常树脂类黏着剂耐药品性、耐热性、耐水性等物理性质优良，因而广泛应用于车辆及建筑等领域。

黏着剂和建筑的关系

黏着剂历史悠久，早在石器时代就有用黑曜石等制成的用来粘结木或竹的箭头。

从公元前 2700 年左右的米索不达米亚古代城市乌尔的王墓中发掘出来的被称为"乌尔的标准"的马赛克画中，就有用天然沥青张贴贝壳或宝石的手法。

另外，用兽类的皮和骨等熬制出的动物胶、从漆树皮中获得的漆以及用米来制作而成的淀粉糊等都常被用在日本宫殿式建筑的隔扇及拉门等的建造中。

19 世纪后半叶到 20 世纪初期，以天然素材为原料的合成黏着剂（以煤为原料制成的人工物质）诞生了。1882 年，德国人拜耶（A.V.Buyer）发现了由从煤中提取到的苯和福尔马林反应生成的树脂状物质，随后，贝克兰德

（Leon H.Baekeland）将其命名为"酚醛树脂制品"并通过商品化制造制成了各种各样的素材。

◉ 木质材和黏着剂

集成材是指将人工干燥后的薄板用黏着剂层层粘连并施加压力后形成的木质材料。根据这种制造特性，可以制成较大的断面或弯曲面等。

从在木质构造的接合处同时使用钢材和黏着剂来确保构造耐力的案例以及用高分子黏着剂、螺钉、接合金属等对木质薄板面进行接合来确保构造耐力等案例中可以看到，胶粘剂所发挥的作用已经涉及木结构建筑的建造中了。

粘着的方法

粘着是指以黏着剂为媒介，将两个物体的表面通过力学的连接、化学的结合以及分子间作用力等结合在一起的状态。

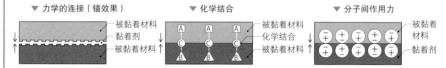

黏着剂的种类和分类

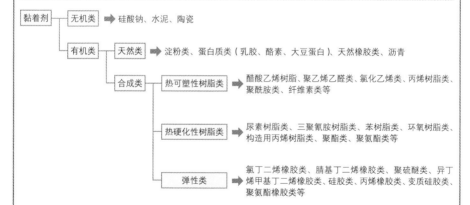

合成材料的黏着剂

起初，合成材料中使用的是粘合力强、耐久性及耐水性能都比较好的以间苯二酚为主成分的胶粘剂，但由于其

容易排放出有害人体健康的甲醛，因此现在逐渐开始使用不排放甲醛的水性高分子异氰酸盐类黏着剂来代替。

108 防水材料

POINT

选择适当的防水材料对建筑物的长期维护有着积极的作用

防水材料的作用

为了使建筑物得到长期维护，需要进行防水工作来防止因漏雨而导致的建筑物强度下降及耐久性衰减等问题。

防水材料使用的地方包括屋顶、外墙、地板及使用水的各类设备等，在使用时需要根据使用地点的不同正确地选择并使用防水材料。

涂膜防水

涂膜防水是指用毛刷或辊子将液体状的树脂或橡胶等涂抹或喷涂在基底层上，形成没有接缝（seamless）的防水层。这种防水手段适用于较为复杂的形状中，但其对于基底的龟裂和变形等的追从性较弱。

薄板防水

薄板防水是指将氯化乙烯或合成橡胶等加工成薄板状（厚度 1.2~2.5mm 左右）后，用黏着剂或金属制圆盘等固定而形成的防水层。

橡胶薄板也称为加硫橡胶，因其具有橡胶弹性，材料的伸缩性很好。

氯化乙烯薄板在接合时会遇热熔解或遇溶剂溶解，因此可以形成一体化的薄板。

沥青防水

沥青防水是指将合成纤维不织布浸泡在沥青中，在形成表面涂层后将这种薄板状的屋面材料层层张贴后形成的防水层。这种防水手段历史最为久远，可信性也很高。

贴纸材料

用于修补接缝、窗框周围、裂纹等的贴纸材料可以分为油性填缝材料和玻璃胶材料。

油性填缝材料表面会形成膜，但内部非干性，因此保持了黏着性，可以附着于各种需要粘着的材料上。

玻璃胶材料分为不定形玻璃胶和定形玻璃胶，不同的材质、形状和使用目的需要选择不同种类的玻璃胶材料。

不锈钢薄板防水工程

◀ 东京体育馆（1999 年）
设计：槙综合计划事务所
用途：体育设施
规模：地上 3 层、地下 2 层
构造：钢结构、钢筋混凝土结构、
　　　钢架钢筋混凝土结构
占地面积：45800m²
一层建筑面积：24100m²
总建筑面积：43971m²
屋顶表面材料：不锈钢制振钢板
厚 0.2+0.2mm、熔接工法

不锈钢薄板是指将具有一定程度耐久性的不锈钢的薄板在施工现场进行熔接，从而形成不透水防水层的做法。不锈钢薄板具有良好的耐久性和耐冻害性，适宜使用于斜屋顶等的防水工程中。
最近有些工程中开始使用耐久性更好的钛薄板。

◉ 钛薄板防水

- 钛在 pH 值 =1 的环境下仍然不易被腐蚀，因此不需要进行专门应对酸雨（pH 值 =3~4）、肥料等药品的维护。
- 钛的热膨胀系数仅为不锈钢的约 1/2、钢的约 2/3，与混凝土及砖等则几乎相同，因此在由于温度变化而产生的形变或接缝处应力集中较少。
- 钛的热传导率仅为钢的约 1/3，作为金属屋顶材料具有很好的隔热效果。

涂膜防水材料的种类和概要

◉ 尿烷合成橡胶类

尿烷合成橡胶的原材料通常分为以 PPG 和 TDI 为主成分的主剂和以 PPG 和胺化合物为主成分的硬化剂两种，在施工现场将两者混合搅拌，经反应后硬化得到尿烷合成橡胶。

◉ FRP 类（→ 101）

在液体状的软质不饱和聚酯树脂中加入玻璃垫或不织布等增加强度的材料，然后涂抹于基底上并发生硬化反应，堆积强化形成遮盖防水层。

◉ 丙烯酸橡胶类

是指在以丙烯酸酯为主原料的丙烯酸橡胶乳液中混合填充剂后形成的 1 成分型防水材料，基本用于外墙防水中。

◉ 氯丁二烯橡胶

是指以氯丁二烯为主原料混合一定比例填充剂后形成的溶剂类的防水材料。因其价格较高、工程量较大，因此只在对耐候性有特别要求的情况下使用。

◉ 橡胶沥青类

是指以沥青和合成橡胶为主原料、硬化剂使用水硬性无机材料或凝固剂的乳液类防水材料，分为涂抹类和喷涂类。主要使用于土木工程领域中的隧道、桥梁等工程中。

玻璃胶材料

◉ 不定型玻璃胶材料

不定型玻璃胶是一种糊状的材料，施工时填充到接缝中，硬化后呈橡胶状。

◉ 定型玻璃胶材料

定型玻璃胶是指将合成橡胶（硅胶、氯丁二烯橡胶、乙丙橡胶等）通过压制成型等方法预先形成带状，用来填塞到接缝（部件间的缝隙）中的密封垫。

▲ 东京都政府大楼
玻璃胶材料的使用寿命一般为 10 年左右。东京都政府大楼由于玻璃胶材料的劣化而实施了外墙的大规模修缮。

109

免震材料和制振材料

免震材料和制振材料的选择需要考虑建筑的形状及构造特性

免震工艺和免震材料

具有代表性的免震材料有用特殊橡胶制成的免震层压橡胶支承（隔离器）、利用钢材的塑性变形制成的钢制减振器、能够稳定吸收能量的铅制减振器等。通常，免震装置是由隔离器（绝缘装置）和减振器（衰减装置）构成的。其中，隔离器可以将周期较短且十分激烈的晃动变为周期较长的晃动并支撑建筑物的重量；衰减装置则是为了尽快使缓慢晃动的建筑物停下来而设置的能量吸收装置。另外，隔离器中也有兼具衰减功能的类型。

最近，还有以空气为免震材料的空气压浮动式免震系统。这是一种在发生地震时一旦感知到 P 波就会有空气送入地板下的免震装置中，使建筑瞬间上浮的气垫船似的装置。在重量较轻的住宅中得到了广泛普及。

制振工艺和制振材料

制振工艺是指为了吸收地震能量，在建筑的柱子和梁等结构的骨架中装入制振装置，用来吸收地震晃动所产生的能量，从而降低地震对建筑的破坏情况的技术。制振工艺中用到的制振装置有：使用钢材和混凝土将地震能量转变为热能量的装置，在建筑最上层放置重物并通过电脑分析地震晃动、产生反方向的晃动来吸收地震能量的装置等。

这些制振工艺可以将大地震的能量衰减到中等地震程度。这种方法不需要考虑地基问题，对工期的影响也比较小。相对于前文免震工艺那种避免晃动的系统，制振工艺是将地震的晃动柔和地停止下来的系统。

免震材料

免震是指为了不受到地基力的影响而在地基和建筑物之间设置免震装置，从而防止地震力向建筑传播的方法。对于各种规模的建筑都有效。

免震材料有避免地震晃动传到建筑物的"绝缘功能"、稳定支撑建筑物重量的"支撑功能"、地震后将建筑物复原到原本位置的"复原功能"，以及缩小地震幅度的"衰减功能"、"耐风功能"等作用。

铅制减振器
是一种利用高纯度铅具有的大变形领域的反复塑性变形能力制成的装置。

钢制减振器
是一种利用钢材的塑性变形能力制成的装置，为了使水平方向的大变形能够追从伴随其产生的垂直方向的变形，需要认真考虑形状及支持部的细节。

免震层压橡胶支承
层压橡胶支承是用薄的加硫天然橡胶板和钢板交叠数十层重叠粘制成的。是一种竖直方向耐力较大、水平方向刚性较小的功能材料。

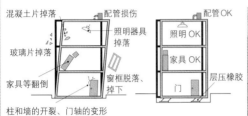

▼ 耐震构造　　　　▼ 免震构造

混凝土片掉落　　　配管损伤　　　　配管OK
　　　　　　　　　照明器具掉落　　照明 OK
玻璃片掉落　　　　　　　　　　　　家具 OK
家具等翻倒　　　　窗框脱落、掉下　门　　层压橡胶
柱和墙的开裂、门轴的变形

▲ 铅制减振器

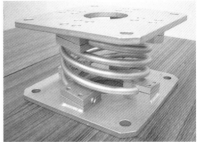

▲ 钢制减振器　　照片 :（株）巴技研

▲ 免震层压橡胶支承　照片 :（株）Bridgestone

制振材料

通过建筑物骨架中置入的制振材料，吸收地震力及风等晃动产生的能量，产生阻止建筑物摇晃的运动。
制振系统包括将晃动的能量转变成热能的系统，通过在超高层建筑最上层设置重物（大型减振器）从而产生与建筑物晃动方向相反的运动来吸收晃动产生的能量的系统，以及通过计算机控制的系统等。
制振材料为吸收能量，使用的有普通钢、超低屈服点钢、铅、油压、摩擦、黏性物质等。

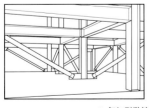
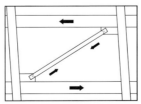
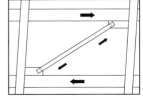

▲ 气缸型黏性剪切减振器　利用黏性体的剪切抵抗力的衰减装置

110

建筑再生材料

POINT

再生或再利用建筑解体时产生的废弃材料可以减轻环境负荷

建筑再生材料是指从建筑副产品的混凝土块、板类、屋顶材料、地板材料、外观材料（塑料板）、室内装饰材料（壁纸、拉门纸、槅扇纸）、泥水材料、涂装材料、屋面材料、断热材料、隔声材料等废弃物中得到的再生材料。

日本古老的以"石场建"手法建造而成的传统木结构建筑因其在轴组的接合过程中不使用钉子而仅以接头相接，因此维修和解体都比较方便，通过长期反复修补可以延长这类建筑的寿命。

现在建造的木结构住宅中混入了各种各样的黏着剂和防腐剂，同时还使用了金属及钉子等提高接合部位的强度，因此在解体时为将材料按种类进行细分需要耗费很多能量。

今后，在考虑建筑生命周期的基础上，还需要研究便于回收及再利用的建筑的建设方式，从而减轻环境负荷。

混凝土再生材料

以钢筋混凝土的废料为原材料的就是混凝土再生材料。

粒径范围在 0~40mm 内的再生碎石通常作为道路的路基材料、构造物的基础、防护墙内的填充材料等使用。

再生复合材料

用未使用的木材和再生塑料混合形成的再生复合材料耐水性、耐久性优良，可以作为外部的木材甲板、围墙天窗等使用。

再生瓷砖

指含有再生资源（废玻璃、铝污泥、钢铁矿渣等）的陶瓷质瓷砖。

再生石膏中性固化材料

将建筑废材中常见的石膏板废料粉碎后经低温加热干燥后形成粉末状的再生石膏，可以作为中性固化材料使用于路基改良中。

建筑解体材料的再生品种

建筑解体工程中产生的废材(废石膏板、硬质氯化乙烯管、板玻璃、荧光管、卫生陶瓷、木屑、混凝土片、污泥等)在建筑再生法制定的帮助下，作为再生品的原料制成各种各样的再生制品，提高了再利用率。木屑可以作为刨花板的原料、板玻璃可以再生成为道路白线用的玻璃珠或扣环的原料、荧光管的水银回收后可以作为玻璃陶瓷的原料、卫生陶器可以作为临时路基的原料、混凝土块则可以制成再生碎石、建设污泥可以作为改良土使用。将来期待建筑解体材料能够实现 100% 的再利用率。

再生木材

再生木材是指由建筑解体产生的木材、木料加工厂产生的木屑、木制品加工厂产生的木屑等废木材以及从医疗、食品制造商等处产生的废料（聚丙烯）等为主原料，各自粉碎之后混合加热形成半熔融状态，最后经过加工压制成型的材料。

再生木材拥有可以像木材那样成型、耐久性高、没有干燥收缩、性能稳定、刚性高等优点；相反地，由于材料都经过粉碎，因此在强度上无法和天然木材相匹敌。

◉ 再生木材的种类

低填充木质塑料
木质材料填充量较少，因此属于塑料制品的范畴。

中填充木质塑料
日本国内最常用的品种，拥有木材质感。广泛应用于需要有加工性的建材、需要有耐久性的屋外用途中。

高填充木质塑料
素材的大部分为木质材料，因此木材的特性较强。树脂成分较少，因此热稳定性及加工性较好。但是，由于木质成分较多，因此主要使用于室内。

照片：太阳工业（株）

▲ **再生木材**
再生木材是由废塑料和木材复合而成的，具有较高的耐久性，广泛使用于室外连廊、围栏、凉亭、街道公共设施等。

▲ **再生地毯瓷砖**
填充材料采用了回收再利用的废旧地毯（Interfacefloor 公司产品）。

▲ **再生玻璃瓷砖**
将废荧光管及废玻璃材料回收再利用制成的再生玻璃瓷砖案例　新丸之内大楼 ECOZZRIA

跋

我们对"建筑"最基本的要求就是它能够发挥庇护所的功能，帮助我们抵御风雨、酷暑、严寒等气象条件，并在地震来临和野兽袭击时保护我们。为了使建筑满足上述基本的庇护功能，我们不仅要掌握地基性状及建筑构造的相关知识，还要了解建筑设备、材料、施工、法规等多方面的知识。除此之外，在"设计手法"上还必须考虑舒适性、功能性、建筑与周边环境的和谐性、美感等细微的感官体验。建筑追求的并不应仅是高度的技术化。然而现在到处可见对于"建筑的理想"的追求，正在逐渐偏离对于建筑本质的探讨。

经济和社会的形势总是在不断发生着变化。二战后高速经济成长时期，为了弥补住宅需求的不足，公社等提供了大量的住宅。预制建筑成为一般形式，大量生产、大量消费的理念得到鼓励。在那个时代，那样的形式是人们普遍接受的常识。然而到了现在，谁都可以清楚地认识到这种拆掉重建的方式并不再是最佳方式，也不值得被继续鼓励。可见，伴随社会意识的变化，"建筑"所面对的人们的意识也产生了变化，建筑的设计手法在这种意识变化的影响下也在不断变化着。

举例来说，比如目前正在着手进行的对于近代化前乡土建筑的再评价。这种再评价的目的，主要是想从过去乡土建筑中发掘出既能体现乡土特性又节能的建造方法，从而应用到当今社会的各个方面。与此相应的将有限的资源合理有效的利用（可持续性）的概念，已逐渐得到了广泛的认识。比如在家电、汽车、工厂等各个领域，都正在进行着将有限的资源有效地集约利用以及抑制能源消费的双重探索。而在此背景下，作为人类生产活动中能源消费比例较大的建筑业，也已经到了必须重审贯穿建筑生产、维护、解体、废弃整个过程（生命周期）的能源消费方式的时刻。也就是说，到了必须强调建筑维护管理方法的时代。

本书虽然是一本以初学者为对象的入门读物，但是不同于以往的入门读物，本书所选的关键词紧跟当代建筑的发展潮流和趋势。在社会对于"建筑"有着日渐严格的要求和考量的时代，建筑相关的从业者也应当充分认识到社会的变化和需求，从而做好并具备担负起责任的觉悟。期望本书能对今后的建筑发展有所启发。

小平惠一

参考文献

文化の翻訳　伊東忠太の失敗／神谷 武夫 著　INAX 刊「燎（かがりび）」第 22 号　1994 年 6 月

新・建築入門／隈 研吾 著　ちくま新書

建築史／藤岡 通夫・渡辺 保忠・桐敷 真次郎・平井 聖 著　市ヶ谷出版社

建築を知る（はじめての建築学）／建築学教育研究会 編　鹿島出版会

手にとるように建築学がわかる本／鈴木 隆行 監修　かんき出版

構造デザイン講義／内藤 廣 著　王国社

アメリカンランドスケープの思想／都田 徹・中瀬 勲 共著　鹿島出版会

ハニカムチューブ・アーキテクチャー　テクノロジーブック／2009 年　新建築社

同潤会に学べ　住まいの思想とそのデザイン／内田 青蔵 著　王国社

奇跡の団地　阿佐ヶ谷住宅／王国社

シュリンキング・ニッポン　縮小する都市の未来戦略／大野 秀敏＋アバンアソシエイツ 著　鹿島出版会

世界の建築・街並ガイド 2　イギリス・アイルランド・北欧 4 国／渡邉 研司＋松本 淳＋北川 卓 編　エクスナレッジ

コートハウス論−その親密なる空間／西沢 文隆 著　相模書房

大江戸八百八町／江戸東京博物館

NEXT21　その設計スピリッツと居住実験 10 年の全貌／「NEXT21」編集委員会 編著　エクスナレッジ

つくば建築フォトファイル／NPO 法人つくば建築研究会 編

初学者の建築講座　建築材料／橘高 義典　小山 明男　中村 成春 著　市ヶ谷出版社

初学者の建築講座　建築施工／中澤 明夫　角田 誠 著　市ヶ谷出版社

「建築の設備」入門／「建築の設備」入門編集委員会 編著　影国社

帝国大学における「日本建築学」講義　建築アカデミズムと日本の伝統／稲葉 信子　文化庁文化財保護部

今後の住宅産業のあり方に関する研究会　−議論の中間的な取りまとめ−／経済産業省

世界で一番やさしい建築基準法／谷村 広一 著　エクスナレッジ

世界で一番やさしい建築材料／area 045「建築材料」編纂チーム 著　エクスナレッジ

世界で一番やさしい建築設備／山田 浩幸 監修　エクスナレッジ

世界で一番やさしい建築構法／大野 隆司 著　エクスナレッジ

世界で一番やさしい 2 × 4 住宅／エクスナレッジ

世界で一番やさしい建築構造／江尻 憲泰 著　エクスナレッジ

世界で一番やさしい住宅用植栽／山﨑 誠子 著　エクスナレッジ

協助（以同文发音为序）

今村 雅樹　金田 勝徳　鴨 ツトム　郡司 政美　小西 伸一　齋藤 紫保　志岐 祐一　白鳥 泰宏　菅 順二
関本 竜太　高橋 喜久代　堀越 泰樹　松隈 章　水野 吉樹　柳 万里　横田 雄史

著作权合同登记图字：01-2014-1113号

图书在版编目（CIP）数据

建筑入门／（日）小平惠一著；傅舒兰，郑碧云译. —北京：中国建筑
工业出版社，2015.9
（建筑基础110）
ISBN 978-7-112-18407-1

I.①建… II.①小…②傅…③郑… III.①建筑学–基本知识 IV.①TU

中国版本图书馆CIP数据核字（2015）第202922号

责任编辑：李 鸽 刘文昕
责任校对：陈晶晶 姜小莲

建筑基础110

建筑入门

[日] 小平惠一 著

傅舒兰 郑碧云 译
*
中国建筑工业出版社出版、发行（北京西郊百万庄）
各地新华书店、建筑书店经销
北京嘉泰利德公司制版
北京顺诚彩色印刷有限公司印刷
*
开本：965×1270毫米 1/32 印张：7½ 字数：350千字
2016年4月第一版 2016年4月第一次印刷
定价：59.00元
ISBN 978-7-112-18407-1
（27602）